靠這本書做出一●●●●●●●●資料！

看穿

Power Point

潛規則

松山純一郎(Rubato(股)公司)〔監修〕

中川拓也‧大塚雄之‧丸尾武司‧渡邊浩良〔著〕

您也能做出超專業簡報

good luck!

本書是依照截至 2021 年 9 月為止的資料撰寫而成。

書中出現的軟體或服務版本、畫面、功能、網址等皆為撰稿當下的資料，日後可能出現變更，敬請見諒。

記載於書中的內容僅以提供資料為目的，因此請自行判斷、承擔運用本書的風險。

製作本書時，已力求內容的正確性，作者與出版社皆不對書中內容做任何保證，對內容的運用結果亦不負責，敬請見諒。

書中的公司名稱、商品名稱皆屬於各公司的商標或註冊商標。

本書省略了™及 ® 符號。

序

「主管叫我用 PowerPoint 製作資料，可是我不曉得該從何下手。」
「使用 PowerPoint 製作資料很花時間。」
「對方無法理解我做好的資料。」
我們從 2011 年開始舉辦與製作資料有關的研討會，發現學員都有這樣的煩惱。

我們從中體會到有非常多人不曉得資料製作者應該先銘記在心的「潛規則」。然而公司並不會傳授這種「潛規則」，都是由個人自行摸索。

我們將這種「潛規則」轉換成文字。例如，組成群組或複製樣式的快速鍵、製作淺顯易懂的圖解及圖表類型、建構資料的方法等。事實上，我們也注意只要學員製作資料時，落實這些潛規則，就能大幅提升製作資料的效率，完成出色且容易理解的資料。

這本書主要是以懂得 PowerPoint 基本操作，卻不曉得資料製作流程及規則的人為對象，並按照資料製作流程編排內容架構，當你製作資料時，有了這本書，就能快速製作出一看就懂的資料。

書中挑選了一些非常實用的「潛規則」，如果你可以落實在工作上，周圍的人一定會對你刮目相看。我們衷心期盼這本書可以對各位有所助益。

2021 年 9 月

松上純一郎（Rubato 股份有限公司 總經理）

中川拓也、大塚雄之、丸尾武司、渡邊浩良

目錄

第 **1** 章 設定環境與整理資料的規則 ————— 009

1.1 為什麼必須製作資料

1.2 調整操作環境

1.3 思考資料架構

第2章 製作資料的基本技巧 文字輸入與條列式的原則

2.1 文字輸入是讓資料一看就懂的基本功

2.2 瞭解條列式的規則

第3章 製作圖解的潛規則

3.1 圖解的重要性與類型

3.2 製作容易瞭解的圖解

第4章　使用表格與圖表　將資料視覺化的規則 ——————————— 133

4.1　掌握表格的製作技巧

4.2　掌握圖表的製作技巧

第 **5** 章　交出資料前一定要檢查！
製作資料的潛規則 ————————————— 185

範例下載

本書範例檔案請至 http://books.gotop.com.tw/download/ACI036000 下載，其內容
僅供合法持有本書的讀者使用，未經授權不得抄襲、轉載或任意散佈。

本書的閱讀方法

本書是由「技巧」與「解說」兩個單元構成。

—— 技巧 ——

代表難度指數的技巧等級

以圖解說明製作資料時，容易落入的陷阱及改善範例

操作或解說提示

操作方法詳細，可以立刻發揮在工作上！

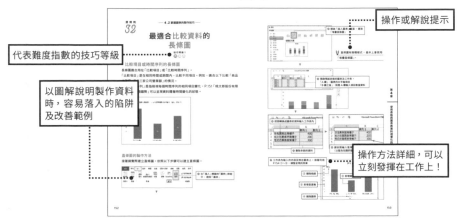

介紹學會就能提升工作能力！外面不會教的
PowerPoint 製作資料技巧及操作方法。

—— 解說 ——

在解說單元徹底學會製作資料的基本知識！

在專欄介紹解說單元及操作方法的補充資料或秘訣

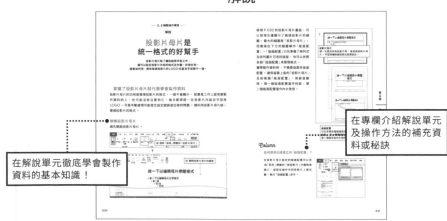

製作資料時，你是否總是一知半解？
解說單元將詳細說明製作淺顯易懂資料的潛規則

第 **1** 章

你是否不假思索就開啟 PowerPoint？

設定環境與
整理資料的規則

別因為被交代要製作資料，
就毫不考慮地開啟 PowerPoint！
請先從提高工作效率的環境設定及整理資料
兩項準備工作開始著手。

解說

製作資料是
現代必備的技能

各種商務場合常有製作資料的機會，如上台簡報或
在公司內外開會等。請先確實瞭解製作資料的重要關鍵。

好資料能「說服對方」

歸根究底，工作順利的重要關鍵就是「說服對方」。說到「說服對方」，或許有人
會誤以為是以命令方式勉強對方做事，其實不然。

所謂的「說服對方」是瞭解對方的想法、興趣、關注的事情，找出對方不採取行
動的原因或限制條件，提出具體行動計畫，讓對方認同而「被說服」。因此分享
資料及影響決策的溝通技巧是極為重要的關鍵。

工作上的決策常會牽涉到立場不同的關係者。例如向企業銷售員工用的電腦時，
相關人員包括「負責聯絡的採購部門」、「實際使用電腦的員工」、「擁有最終決
定權的決策者」。一旦與專案有關的人員增多，就很難與所有人直接溝通。此
時，就需要可以正確且順利傳達你的想法，推動決策流程的資料。透過資料與相
關人員分享相同訊息，可以讓他們瞭解你的提案。

最近非母語的溝通機會，以及居家線上會
議愈來愈多。在這種情況下，資料可以
帶來各種好處，例如彌補語言隔閡，還
可以分享訊息，基於相同認知下進行
討論。

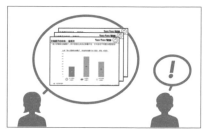

好的資料可以成為自己的代言人，向對方傳
達訊息

解說

以快速製作出
一看就懂的資料為目標

瞭解「一看就懂」的資料與「快速製作」
的重要性，才能讓工作進展順利。

以一看就懂的資料為目標

本書要製作的是「一看就懂」的資料。「一看就懂」的資料是指，即使沒有直接向對方說明，對方也不會誤解，可以順利瞭解資料內容。換句話說，這種資料就像是你的分身，代替你傳達內容。

「一看就懂的資料」有五個重點。

1. 訊息明確

即使資訊十分豐富，也必須注意傳遞的訊息要「簡潔明確」。

2. 一目瞭然

用圖解或圖表呈現並強調重要的部分取代長篇大論。

3. 整理資料

善用小標題、圖解類型，將資料整理得淺顯易懂。

4. 提出證據

提出可以佐證陳述內容的證據。

5. 清楚說明期許對方採取的行為

把期待對方採取的行為具體化，明確區分出截至最終成果的步驟。

製作資料的時間不可過長

製作資料並非最終目標。我們的目標是透過這份淺顯易懂的資料，向對方傳遞適當的訊息，讓對方採取行動。雖說要製作出淺顯易懂的資料，但若耗費了大量時間在製作資料上，反而本末倒置了。

第 **1** 章

設定環境與整理資料的規則

如果想透過資料達成說服別人的目的，在上台簡報或提出資料之前，就得先取得周遭人員的意見，修改受到批評的部分。請先 ⊬ 快速製作出資料雛型，並擠出時間仔細思考，就可以提高資料的品質。

⊬ 最近大家愈來愈重視維持工作與生活平衡的重要性。快速製作資料不僅可以提高工作效率，也能充實個人生活。健康的生活是提升工作品質的重要基礎。

製作資料可以更有效率

請先執行能提高 PowerPoint 操作效率的設定，藉此提升製作資料的速度。例如，本書將從設定操作環境開始著手，達到簡化流程的目的。事先確認公司內部的範本、投影片大小及字型、選擇顏色、制定投影片使用範圍的準則，可以節省製作資料花費的時間。

其中快速存取工作列（QATB）的設定和快速鍵一樣，都是提高資料製作效率的必備條件。第 1 章將介紹調整操作環境的方法。

⊬ 本書也會一併介紹圖解類型、表格類型。運用合適的類型，能以最容易讓對方瞭解的形式傳遞資料，也可以縮短製作資料的時間。

解說

確認
公司內部的格式

製作投影片之前，請先確認公司內部的格式。
投影片是由各式各樣的元素構成。

一定要確認組織或機構使用的格式

使用 PowerPoint 製作資料之前，一定要確認自己所屬的組織、機構是否已有制式的格式。

對外提供的資料代表一間公司的形象。使用不同格式可能會影響組織或機構的品牌形象。假如所屬組織、機構已有制式格式，一定要使用它。

六個構成投影片版面的元素

投影片版面主要由①投影片標題、②投影片訊息、③正文、④註解、⑤出處、⑥頁碼構成。部分正文內容可能沒有註解。

這些元素若少了其中一個，就很難瞭解該投影片要傳遞什麼訊息。其中最容易忘記的元素就是出處。如果沒有出處，觀看者就無法確認投影片是根據何種資料製作出來，使得資料喪失公信力。因此製作投影片時，一定要確認每張投影片是否包括這六個元素。

倘若公司的制式投影片格式沒有這六個元素，請利用投影片母片修改投影片格式 (請參考 P.030)，加入這六個元素。

投影片格式的六個元素

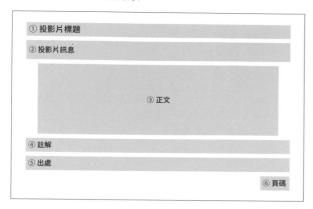

元素	內容
① 投影片標題	加上簡潔表示整個投影片概念的標題
② 投影片訊息	輸入想透過投影片表達的訊息
③ 正文	利用圖解或圖表呈現訊息依據的分析結果或概念圖
④ 註解	輸入與正文有關的補充資料（理解內容時的注意事項）
⑤ 出處	記載正文引用的原始資料出處
⑥ 頁碼	各個投影片的頁數編號

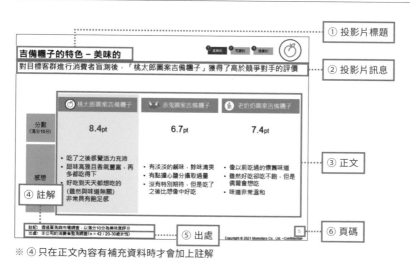

※ ④ 只在正文內容有補充資料時才會加上註解

投影片設定成
A4大小

技巧等級 1

☺ ☺ ☺

將投影片調整為A4大小

投影片大小預設為寬螢幕（16：9）或標準（4：3）。若要列印出來供人瀏覽，可能
因為這個設定，讓投影片與 A4 紙張的長寬不一致，無法完美列印。假設要列印
在紙張上，請將投影片大小設定成最常用的 A4 尺寸。

更改投影片大小

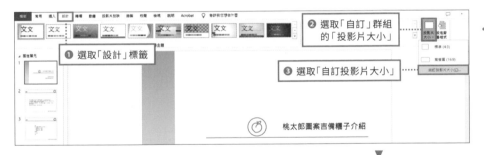

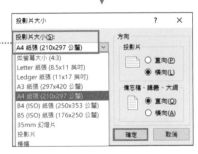

用輔助線清楚顯示投影片的使用範圍

技巧等級 3
☺ ☺ ☺

每一頁的元素位置凌亂…毫無一致性，很難閱讀

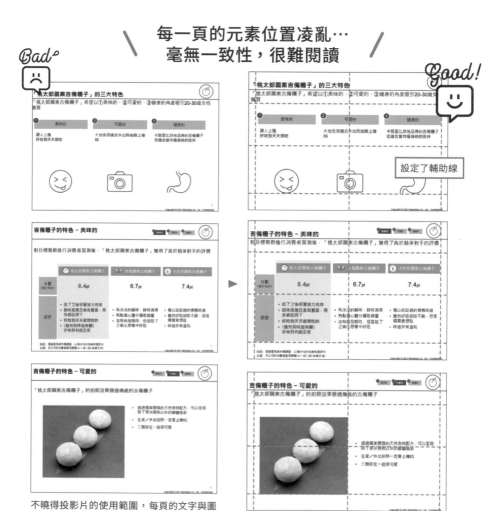

不曉得投影片的使用範圍，每頁的文字與圖片位置不一致

投影片的使用範圍明確，整體有一致性

在投影片母片設定輔助線，統一使用範圍

使用 PowerPoint 製作資料時，請利用輔助線顯示使用範圍（區域）。輔助線可以清楚界定製作投影片時的可用範圍。

製作投影片時，如果沒有設定輔助線，將無法對齊元素，造成資料缺乏一致性。統一使用範圍可以提高資料的信賴感。

雖然在標準的操作畫面也可以設定「輔助線」，決定投影片的使用範圍。但是在投影片母片進行設定比較適合。利用投影片母片設定輔助線，就不會在操作過程中發生移動輔助線的問題，可以放心執行操作。

Column

何謂投影片母片

投影片母片是統一管理投影片設計的功能。透過投影片母片設定格式，就能統一所有投影片使用的格式，提高工作效率。投影片母片很常出現在本書的說明中。P.030 介紹了投影片母片的結構，請先掌握投影片母片的基本用法。

設定理想的輔助線

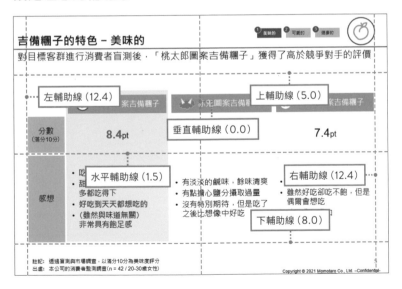

第1章
設定環境與整理資料的規則

設定輔助線

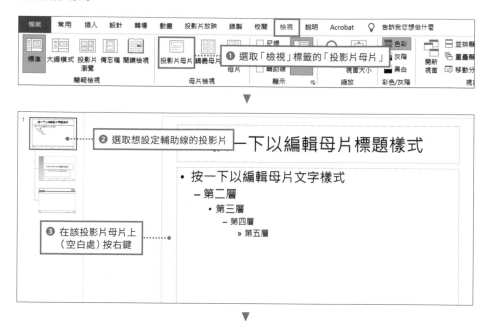

❶ 選取「檢視」標籤的「投影片母片」

❷ 選取想設定輔助線的投影片

❸ 在該投影片母片上（空白處）按右鍵

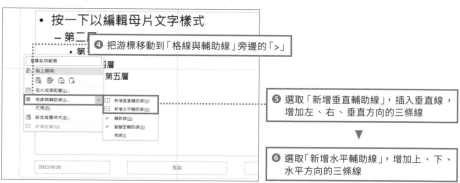

❹ 把游標移動到「格線與輔助線」旁邊的「>」

❺ 選取「新增垂直輔助線」，插入垂直線，增加左、右、垂直方向的三條線

❻ 選取「新增水平輔助線」，增加上、下、水平方向的三條線

新增與刪除輔助線

步驟 ❺ 新增輔助線是把游標移動到輔助線上，在游標呈現雙箭頭狀態時按右鍵，執行「新增垂直輔助線」或「新增水平輔助線」命令。在相同的清單中，執行「刪除」命令，可以刪除該輔助線。

❼ 在游標呈現雙箭頭狀態時按左鍵，將輔助線拖曳到想移動到的位置

🖊 移動輔助線

在步驟 ❼，即使把滑鼠移動到與預留位置重疊的輔助線上，游標也不會產生變化。請將游標移動到沒有輔助線的地方。

▼

❽ 完成輔助線的設定後，選取「關閉母片檢視」

🖊 P.017「設定理想的輔助線」是兼顧製作投影片的方便性及易讀性的基準值。假如與公司的格式不一致，請參考此基準值，適當調整即可。

記得加入
投影片編號

技巧等級 1

☺ ☺ ☺

簡報時，當對方提出問題……
卻因為沒有投影片編號而造成說明上的困擾！

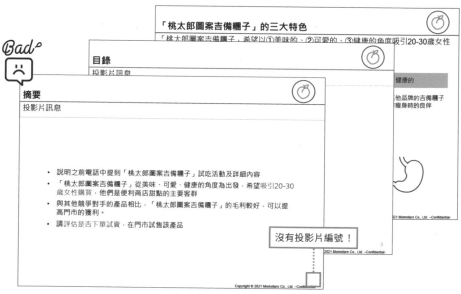

因為沒有插入投影片編號，觀看者不曉得進行到哪裡

務必顯示投影片編號，以利會議順利進行

請一定要在說明資料內插入投影片編號。

沒有在投影片插入頁碼，簡報或開會時，很難說明指定頁面。當對方提問時，也沒辦法立即找到該頁，造成簡報或會議無法順利進行。

插入投影片編號

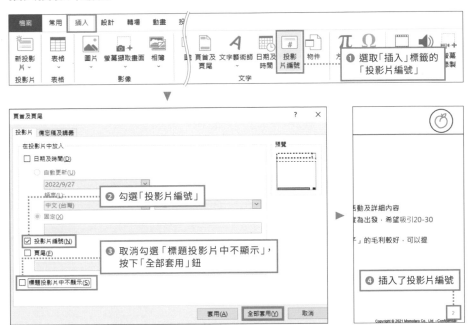

① 選取「插入」標籤的「投影片編號」

② 勾選「投影片編號」

③ 取消勾選「標題投影片中不顯示」，按下「全部套用」鈕

④ 插入了投影片編號

如果不想在封面（標題投影片）插入頁碼，請勾選 ③「標題投影片中不顯示」。

Column

不希望封面包括在投影片編號內時

上述方法會將封面包含在投影片編號內。 ① 選取「設計」標籤， ② 在「自訂」的「投影片大小」中，選取「自訂投影片大小」， ③ 把「投影片大小」畫面的「投影片編號起始值」設定為「0」，就能將內文設定成第一頁。

使用
基本色與重點色兩種配色

技巧等級 2
☺ ☺ ☺

**顏色亂七八糟，注意力無法集中在資料上……
該如何設定有品味且易於閱讀的配色？**

Bad°

用了太多顏色，讓人眼花撩亂。使用有著警戒意味的黃色與紅色也不適當

Good!

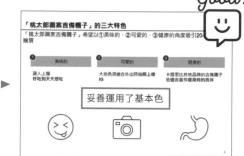

有一致性且立刻就明白重點

依照色相環決定用色

你在製作資料時，是否會為了讓內容變得醒目而使用大量顏色？運用豐富色彩製作出來的資料乍看之下很繽紛，卻會讓人眼花撩亂，感覺雜亂無章。請統一資料的用色色調。製作資料時，要使用基本色與重點色等兩種顏色。一般人常認為選色需要有好的設計品味，其實只要利用稱作色相環的色彩配置圖，就能完成洗練的配色。

基本上背景色為白色

決定配色之前，請先選擇背景色。背景色是占整個投影片最大面積的基本顏色，顧名思義就是用在背景或留白上。背景色的功用是襯托基本色及重點色，所以簡報資料最好使用白色的背景色。

挑選基本色

請決定當作資料主題色彩的基本色。基本色是連貫整份資料的顏色。你可以從色相環中挑選一種顏色，倘若有企業色，請把該顏色當作基本色。

第 3 章 P.119 將說明從 LOGO 擷取顏色的方法。

挑選重點色

決定基本色之後，接著要選擇重點色。重點色用於資料中想強調的部分。請檢視色相環，選擇與基本色相反位置的顏色。假設選擇了紅色當作基本色，可以選擇位於紅色相反位置上的藍綠色當作重點色。

色相環

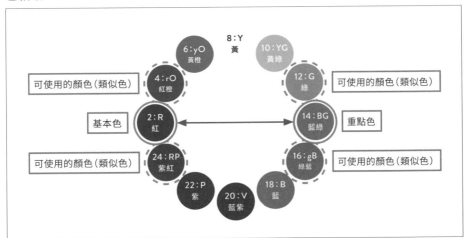

在色相環上，基本色與重點色的左右兩邊皆可以當作類似色使用。

假設重點色是色相環上較不顯眼的顏色，如黃色或黃綠色時，可以考慮改用旁邊的橘色或綠色。

基本色與重點色

基本色	重點色
·在資料中當作主題色彩，用來連貫整個內容 ·選擇色相環上的其中一種顏色 ·左右兩邊相鄰的顏色也可以當作類似色使用	·用於想強調的部分 ·在色相環上，位於基本色相反位置上的顏色 ·選擇色相環上的其中一種顏色 ·左右兩邊相鄰的顏色也可以當作類似色使用

限用三種色

資料的顏色會影響觀看者的印象。大部分讓人覺得難讀、訊息不清楚的資料都是因為用色過多，或大量使用了稱作警戒色的紅色、黃色。

一張投影片內的顏色請限制在三種以內，包括使用於背景或留白的背景色、讓資料設計留下印象的基本色、吸引觀看者注意的重點色。除了使用重點色可以強調內容之外，利用基本色的漸層效果也能呈現內容的細節差異。

利用基本色的漸層效果

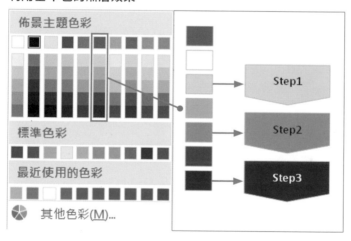

在投影片母片設定要調整的配色比較方便

更改配色時，在投影片母片內進行設定，會顯示成「調色盤」中的「佈景主題色彩」，可以讓製作資料變得比較輕鬆。

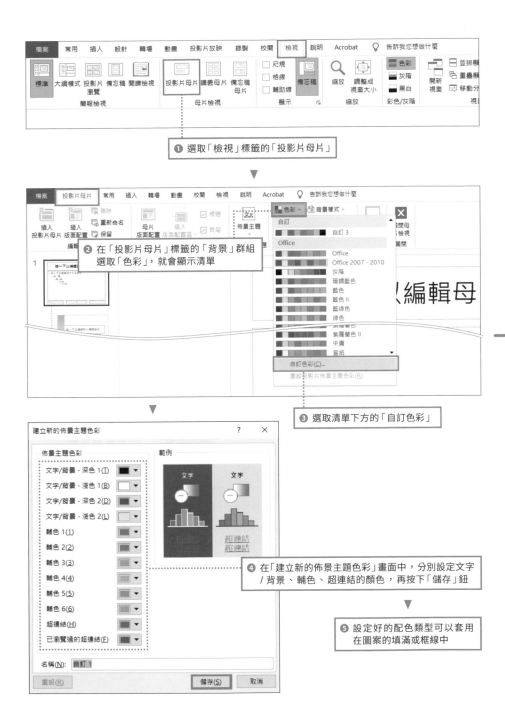

❶ 選取「檢視」標籤的「投影片母片」

❷ 在「投影片母片」標籤的「背景」群組選取「色彩」，就會顯示清單

❸ 選取清單下方的「自訂色彩」

❹ 在「建立新的佈景主題色彩」畫面中，分別設定文字／背景、輔色、超連結的顏色，再按下「儲存」鈕

❺ 設定好的配色類型可以套用在圖案的填滿或框線中

設定配色類型

開啟「自訂色彩」畫面，有幾個可以當作主題色彩設定的項目。有些人可能不曉得該如何設定，請檢視以下項目，再設定基本色與重點色。

項目	設定色	說明
【文字 / 背景：深色 1】	黑	主要使用的字型色彩
【文字 / 背景：深色 2】	白	當作投影片背景的背景色
【文字 / 背景：淺色 1】	黑	主要使用的是「文字 / 背景：深色 1」與「深色 2」，所以設定成和深色 1 相同的顏色
【文字 / 背景：淺色 2】	白	主要使用的是「文字 / 背景：深色 1」與「深色 2」，所以設定成和深色 1 相同的顏色
【輔色 1】	設定基本色	成為資料主題色彩的顏色
【輔色 2】	設定重點色	資料中想強調的部分使用的顏色
【輔色 3 以下】	設定基本色的漸層	

套用自訂色彩的範例

「建立新的佈景主題色彩」畫面

「**字型色彩**」清單

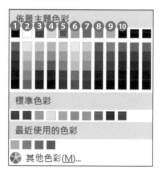

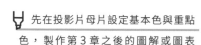先在投影片母片設定基本色與重點色，製作第 3 章之後的圖解或圖表時，可以省掉調整顏色的時間。

字型會影響
資料給人的印象

技巧等級 1

☺ ☺ ☺

基本上要統一字型與大小！
選擇適合資料的字型

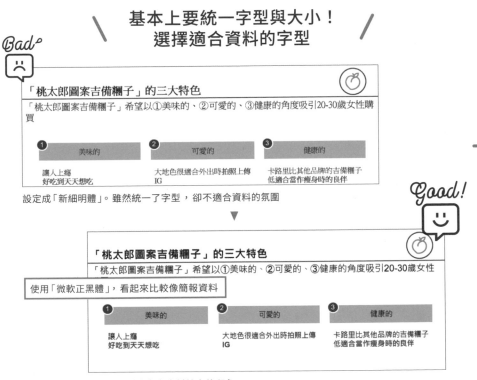

Bad

「桃太郎圖案吉備糰子」的三大特色

「桃太郎圖案吉備糰子」希望以①美味的、②可愛的、③健康的角度吸引20-30歲女性購買

❶ 美味的

❷ 可愛的

❸ 健康的

讓人上癮
好吃到天天想吃

大地色很適合外出時拍照上傳
IG

卡路里比其他品牌的吉備糰子
低適合當作瘦身時的良伴

設定成「新細明體」。雖然統一了字型，卻不適合資料的氛圍

Good!

「桃太郎圖案吉備糰子」的三大特色

「桃太郎圖案吉備糰子」希望以①美味的、②可愛的、③健康的角度吸引20-30歲女性

使用「微軟正黑體」，看起來比較像簡報資料

❶ 美味的

❷ 可愛的

❸ 健康的

讓人上癮
好吃到天天想吃

大地色很適合外出時拍照上傳
IG

卡路里比其他品牌的吉備糰子
低適合當作瘦身時的良伴

選用的字型會左右資料給人的印象

根據你想給觀看者產生的印象改變字型

平常隨意使用的字型其實各有特色。請先瞭解你製作的資料要用在哪種場合，如「商務」或「休閒」，再選擇適合的字型。比方說「新細明體」、「微軟正黑體」比較正式，而「圓體」較為休閒。

不同字型的使用情境

	黑體 （微軟正黑體）	明體 （新細明體）
特色	直線與橫線的粗細一致， 適合展示資料	適合供人閱讀的內文資料
使用 情境	商務簡報	申請文件 學術論文
範例	桃太郎	桃太郎

避免選用特殊字型，最好選擇通用字型

投影片資料大多都是商務內容，選用「微軟正黑體」比較不會出錯。因為這種字型的線條粗，辨識性與判讀性都較好。在 Windows 10 操作環境中，建議使用標準內建的通用字型「微軟正黑體」。

依照供人閱讀的資料及簡報資料調整字型大小

在公司內部未規定字型大小的情況下，如果是供人閱讀的資料，內文的字型請設定成 14pt 以上，使用投影機對許多人簡報的資料請設定成 20pt 以上。

投影片內各個元素的字型大小基準值

		供人閱讀的資料	簡報資料
標題投影片		24pt	36pt
訊息投影片		20pt	32pt
正文	小標題	18pt	28pt
	內文	14pt	20pt
註解		12pt	16pt
出處			
頁碼			

請先決定投影片內各個元素的字型大小。尤其是多人共同製作一份資料時，先確定字型大小，可以縮短日後修改資料的時間。

在投影片母片設定字型

請在投影片母片內設定字型。

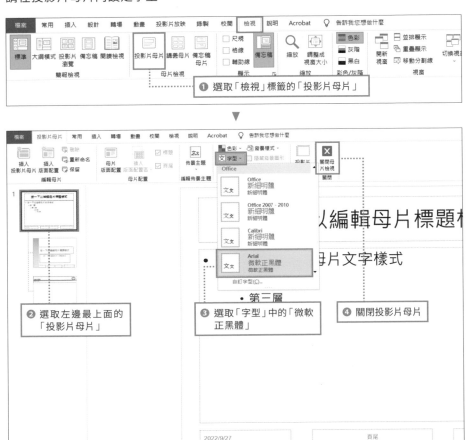

① 選取「檢視」標籤的「投影片母片」

② 選取左邊最上面的「投影片母片」

③ 選取「字型」中的「微軟正黑體」

④ 關閉投影片母片

解說

投影片母片是
統一格式的好幫手

投影片母片除了輔助線與字型之外，
還可以設定投影片共用的格式及外觀，非常好用。
請善加利用，避免每張投影片的 LOGO 位置及字型都不一樣。

掌握了投影片母片就代表學會製作資料

投影片母片的功用是管理投影片的格式，一般不會顯示，就算是工作上經常要製作資料的人，也可能沒有注意到它，每次都得逐一在投影片內設定字型與LOGO。可是手動處理可能發生設定錯誤或位移的問題。請利用投影片母片統一整個投影片的格式。

瞭解投影片母片

請先開啟投影片母片。

① 選取「檢視」標籤的「投影片母片」

▼

② 開啟投影片母片的畫面

按一下以編輯母片標題樣式

• 按一下以編輯母片文字樣式
　• 第二層
　　• 第三層
　　　• 第四層

檢視 P.030 的投影片母片畫面，可以發現左邊顯示了幾個投影片的縮圖。最大的縮圖是「投影片母片」，而連接在下方的縮圖稱作「版面配置」。「版面配置」已先準備了條列式及排列圖片可用的版面，你可以依照各個「版面配置」來管理格式。

實際製作資料時，不需要這麼多版面配置。請保留最上面的「投影片母片」及前兩個「版面配置」，其餘皆刪除。第一個版面配置當作封面，第二個版面配置當作內文使用。

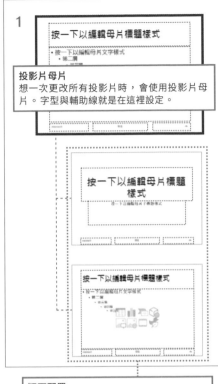

Column

如何使用已經建立的「版面配置」？

在投影片母片設定的版面配置可以在❶「常用」標籤的「新投影片」中選取後插入，或是在操作中的投影片上按右鍵，執行「版面配置」命令。

利用投影片母片功能也能統一插入 LOGO

使用投影片母片可以瞬間在每一張投影片插入 LOGO。

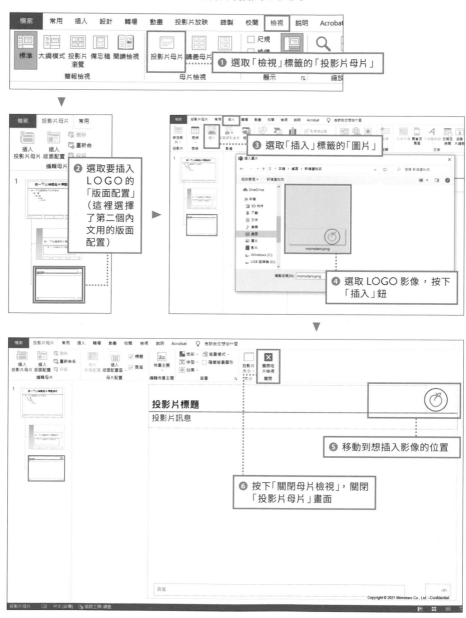

① 選取「檢視」標籤的「投影片母片」

② 選取要插入 LOGO 的「版面配置」（這裡選擇了第二個內文用的版面配置）

③ 選取「插入」標籤的「圖片」

④ 選取 LOGO 影像，按下「插入」鈕

⑤ 移動到想插入影像的位置

⑥ 按下「關閉母片檢視」，關閉「投影片母片」畫面

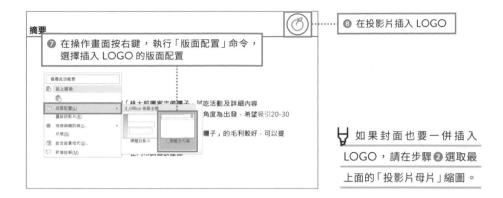

摘要

❼ 在操作畫面按右鍵，執行「版面配置」命令，選擇插入 LOGO 的版面配置

❽ 在投影片插入 LOGO

💧 如果封面也要一併插入 LOGO，請在步驟 ❷ 選取最上面的「投影片母片」縮圖。

Column

投影片母片的運用技巧：插入浮水印

投影片母片也可以在投影片背面插入浮水印。例如，開會前，必須在資料背面加上「機密文件」時，利用投影片母片，就能立即插入浮水印。首先開啟投影片母片，❶ 選取左上方的「投影片母片」，❷ 選取「插入」標籤的「文字方塊」，❸ 輸入「機密文件」並移動到適當的位置，再關閉母片檢視。這樣就會在 ❹ 所有頁面插入「機密文件」的浮水印。

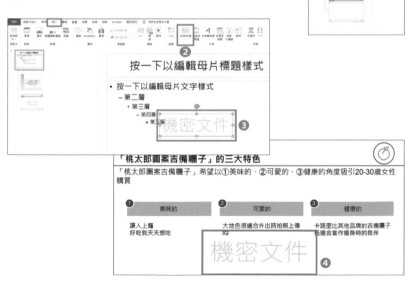

潛規則
06

利用自動儲存
防範突然當機

技巧等級 1

☺ ☺ ☺

改善儲存方法，避免因電腦強制關機而前功盡棄

你應該有過辛苦製作了資料，卻忘記存檔，直接關閉程式的經驗吧？甚至可能
有人曾遇過多人共用主檔案，分別進行操作時，不小心誤刪重要部分，而無法還
原的惱人問題吧！改善檔案的儲存方法，就可以防範這些狀況。

依照資料性質分別運用手動存檔及自動儲存

儲存檔案的方法包括手動方式的「手動存檔」及軟體自動存檔的「自動儲存」
兩種。

檔案的儲存方法與特色

		1. 手動存檔		2. 自動儲存
		（1）另存新檔	（2）覆寫檔案	
概要		保留之前的檔案，可以管理檔案版本 ➡可以恢復之前的版本 ➡知道最後的編輯者	手動儲存工作進展。覆寫相同名稱的檔案	操作過程中，每隔幾秒就會自動儲存檔案
操作	操作流程	檔案標籤➡另存新檔➡選擇存檔位置	檔案標籤➡儲存檔案	檔案標籤➡另存新檔➡選擇個人、職場、學校的OneDrive帳戶➡從清單中選擇子資料夾➡輸入檔案名稱➡存檔
	快速鍵	［F12］鍵	［Ctrl］+［S］鍵	快速存取工作列

自動儲存時，儲存位置必須是 OneDrive、OneDrive for Business、SharePoint Online 其中
一個。

存檔的基本原則是隨時手動儲存

管理版本時要選擇「另存新檔」

請養成每次完成操作，如完成一張投影片或完成一張圖表，就存檔的習慣。製作資料時，常需要與主管、同事反覆溝通，不斷增減、修改資料，所以小組分工合作時，請更改檔名「另存新檔」，才可以管理版本。請以能瞭解這是什麼時候的檔案來命名，如「日期＿專案名稱＿版本」，當你想恢復原本的內容時，即可輕鬆回溯。

● 檔案命名範例

開始新的操作時，以「另存新檔」管理版本再操作

請使用快速鍵「另存新檔」。按下 [F12] 鍵，會開啟「另存新檔」對話視窗。「儲存檔案」的快速鍵是 [Ctrl] ＋ [S] 鍵，這些快速鍵都很常用，請趁此機會記住。請養成輸入新內容後，按下 [Ctrl] ＋ [S] 鍵，製作圖形後，按下 [Ctrl] ＋ [S] 鍵的存檔習慣。

Column

即使電腦強制關機也不必擔心的備份方式

電腦當機，或不小心蓋掉檔案時，有時可以用以下方法復原。請確認清楚，先別慌張。

① 開啟 PowerPoint，選取「檔案」標籤

② 選取「資訊」，再選取「管理簡報」

③ 按下「復原未儲存的簡報」

④ 選取想復原的檔案

利用自動儲存因應突發狀況

只要開啟自動儲存，在操作過程中，每隔幾秒就會自動存檔。這樣除了可以解決忘記存檔的問題，遇到電腦當機也不用慌張。

❶ 按下畫面左上方的「自動儲存」

❷ 選取顯示在畫面上的 OneDrive，啟用自動儲存

在步驟 ❷，如果是完全沒儲存過的檔案，會出現輸入檔案名稱的畫面，請輸入檔案名稱，按下「確定」鈕。

Column

回到自動儲存前的狀態

假如想讓自動儲存後的內容恢復原狀，請選取「檔案」，按下「資訊」，在「版本歷程記錄」選擇要恢復的版本，就會以新視窗開啟檔案，恢復成過去的版本。

解說

先儲存
檔案雛型

**請把設定了色彩、字型、LOGO位置的專案檔案
先儲存成主檔案。**

先保留檔案雛型

製作新資料時，有些人會複製、沿用以前製作過的資料，這裡不建議使用這種方法。沿用資料可能會遺留先前提案對象的公司資料，或舊資料被新資料覆寫的問題。

設定了色彩、字型、插入 LOGO 的檔案，先儲存成主檔案，製作新資料時，一定要使用這個主檔案。

一定要先保留主檔案

> 先把設定了 LOGO、投影片樣式、訊息部分的字型大小、輔助線的檔案當作雛型保留下來，可以節省之後要花費的時間，減少統一資料風格的問題。此外，多人分工合作時，也能輕易整合。

解說

30個輕鬆製作資料的方便快速鍵

記住快速鍵就能大幅縮短工作時間，
至少要記住30個常用的快速鍵。

快速鍵是省時的得力助手

盡快執行詳細操作可以縮短整體的工作時間。例如，按下「儲存檔案」命令約要花 2～3 秒，但是使用快速鍵 💡 [Ctrl] + [S] 鍵，只要 0.5～1 秒就能完成。你可能認為這種差異微不足道，可是試想一個小時執行 10 次「儲存檔案」，一年就可以縮短 7 個小時的工時。記住大部分的快速鍵，可以進一步縮短製作資料的時間。

💡 這代表按住 [Ctrl] 鍵不放並按下 [S] 鍵。

記住快速鍵的方法是① 第一個字母② 位置③ 連接④ 聯想

事實上，光靠死記很難記住快速鍵。
利用① 第一個字母② 位置③ 連接④ 聯想來記憶，就能輕鬆記住 30 個常用的快速鍵。

快速鍵的記憶方法

記憶方法	內容
① 第一個字母	利用第一個字母幫助記憶，如複製是 [Ctrl] + [Copy] 鍵
② 位置	利用以第一個字母記住的快速鍵所衍生的位置來記憶 （貼上在複製 [C] 的旁邊）
③ 連接	連接記憶 （複製格式是複製（[Ctrl] + [C] 鍵）加上 [Shift] 鍵）
④ 聯想	聯想記憶 （「還原」是 [Z] 為最後一個英文字母，下一個「回」到 [A]）

30個必須記住的快速鍵

	快速鍵	說明	記憶方法	
基本				
1	[Ctrl] + [C]	執行「複製」	Copy（複製）	①第一個字母
2	[Ctrl] + [X]	執行「剪下」	✂：剪刀	④聯想
3	[Ctrl] + [V]	執行「貼上」	在複製 [C] 的旁邊	②位置
4	[Ctrl] + [D]	執行「複製」與「貼上」	Duplicate（複製）	①第一個字母
5	[Ctrl] + [Z]	復原前項操作	Z 是最後一個英文字母， 之後「回」到 A	④聯想
6	[Ctrl] + [Y]	繼續復原的操作	在英文字母排列中，Y 在 Z 前面	④聯想
7		重複前項操作		
8	[Ctrl] + [Shift] + [C]	複製格式	在複製按鍵加上 [Shift]	③連接
9	[Ctrl] + [Shift] + [V]	貼上格式	在貼上按鍵加上 [Shift]	③連接
10	[Ctrl] + [A]	全選	All（全部）	①第一個字母
檔案操作				
11	[Ctrl] + [O]	開啟現有檔案	Open（開啟）	①第一個字母
12	[Ctrl] + [N]	開啟新檔案	New（新增）	①第一個字母
13	[Ctrl] + [M]	插入新投影片	[Ctrl] + [N] 是開啟新檔案， 所以使用旁邊的 [M]	②位置
14	[Ctrl] + [P]	執行列印	Print（列印）	①第一個字母
15	[Ctrl] + [S]	執行「儲存檔案」	Save（儲存）	①第一個字母
16	[Ctrl] + [W]	執行「關閉檔案」	Close Window（關閉檔案）	①第一個字母
搜尋類				
17	[Ctrl] + [F]	搜尋	Find（尋找）	①第一個字母
18	[Ctrl] + [H]	取代	（來源不明，請記住置換是犯罪 （Hanzai）的 H）	④聯想
文字				
19	[Ctrl] + [E]	設定「置中」	cEnter（中央）	①第一個字母
20	[Ctrl] + [L]	設定「靠左對齊」	Left（左）	①第一個字母
21	[Ctrl] + [R]	設定「靠右對齊」	Right（右）	①第一個字母
22	[Ctrl] + [「]	縮小字型	<（小於）	④聯想
23	[Ctrl] + [Shift] + [<]			
24	[Ctrl] + [」]	放大字型	>（大於）	④聯想
25	[Ctrl] + [Shift] + [>]			
26	[Ctrl] + [B]	設定、取消「粗體」	Bold（粗體）	①第一個字母
27	[Ctrl] + [I]	設定、取消「斜體」	Italic（斜體）	①第一個字母
28	[Ctrl] + [U]	設定、取消「底線」	Underline（底線）	①第一個字母
圖形				
29	[Ctrl] + [G]	組成群組	Grouping（組成群組）	①第一個字母
30	[Ctrl] + [Shift] + [G]	取消組成群組	在組成群組快速鍵加上 [Shift]	③連接

解說

快速操作的魔法
QATB究竟是什麼？

瞭解並利用快速存取工具列，
可以大幅縮短製作資料花費的時間。

善用 PowerPoint 的書籤功能 QATB

使用 PowerPoint 製作資料之前，一定要設定的操作環境之一，就是快速存取工具列（Quick Access Tool Bar，以下簡稱 QATB）。

QATB 是指可以自訂的命令書籤列，執行命令時，能縮短「標籤→群組→命令」等一連串操作，大幅提高操作效率。

加入你常用的操作命令，建立個人的 QATB

請先在 QATB 加入平常比較常用的操作或步驟較為複雜的命令，如「合併圖案」、「變更圖案」等。

例如想「變更圖案」時，通常會選取要更改的圖案，在「格式」標籤的「插入圖案」群組中，選取「編輯圖案」，再「變更圖案」，需要反覆執行多次的選取操作。倘若沒有記住這些命令的位置，還得花時間尋找。新增至 QATB，就可以在功能區上方的明顯位置顯示命令，不用擔心選取問題。

先將常用的操作整合在 QATB，可以提高工作效率

不需要記住快速鍵

把常用的命令設定在 QATB，就不需要記住命令的位置、複雜的快速鍵（插入圖案要依序按下 [Alt] 鍵→ [H] → [S] → [H] 鍵等）。

QATB也可以用來確保操作畫面的空間

QATB 有助於擴大操作畫面，確保操作空間。即使摺疊含有一般操作命令的功能區，QATB 也會隨時顯示在畫面上，不但可以維持操作畫面的空間，也能立即執行命令。

隱藏功能區的狀態

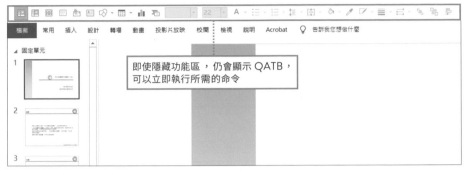

即使隱藏功能區，仍會顯示 QATB，
可以立即執行所需的命令

把常用的操作整合在 QATB

按下 [Ctrl] + [F1] 鍵可以摺疊功能區，如果想重新顯示，請再次按下 [Ctrl] + [F1] 鍵。

在功能區的下方顯示 QATB

技巧等級 3

☺ ☺ ☺

增加 QATB

當你瞭解了 QATB 之後，請把命令新增至 QATB 吧！

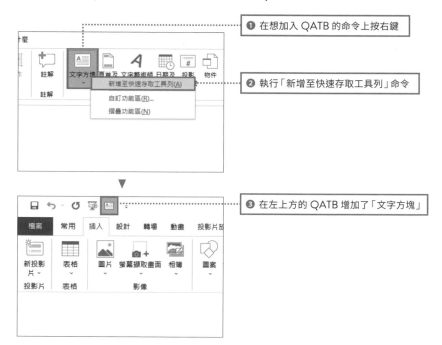

❶ 在想加入 QATB 的命令上按右鍵

❷ 執行「新增至快速存取工具列」命令

❸ 在左上方的 QATB 增加了「文字方塊」

如果想刪除 QATB 內的命令，可以在 QATB 上的「文字方塊」按右鍵，執行「從快速存取工具列移除」命令。

QATB 是依照設定順序由左往右增加，常用的命令請先放在右側。QATB 的順序可以利用 P.046 的自訂畫面調整。

更改 QATB 的顯示位置

從 P.040 的截圖可以瞭解，QATB 預設顯示在畫面的最上方。但是這樣離投影片畫面比較遠，操作較為費時，所以請將 QATB 移動到功能區的下方。

❶ 按下 QATB 右邊的▼，執行清單中的「在功能區下方顯示」命令

▼

❷ QATB 顯示在功能區下方，比較靠近投影片

匯入本書提供的 QATB

你可以下載本書提供的自訂 QATB，藉此提高操作效率。請從以下網站下載「QATB.zip」並解壓縮。

http://books.gotop.com.tw/download/ACI036000

下載檔案後，按照以下步驟匯入 QATB。

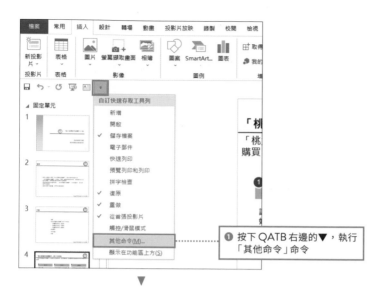

❶ 按下 QATB 右邊的▼，執行「其他命令」命令

▼

❷ 按下「匯入／匯出」

❸ 執行「匯入自訂檔案」命令，選擇剛才下載的檔案

▼

❹ 按下「確定」鈕

本書特別提供的 QATB 清單

畫面檢視①～⑤／插入⑥～⑩

① 標準檢視　　　　　　　② 大綱模式（列出標題與訊息）

③ 投影片瀏覽模式（列出投影片）

④ 投影片母片檢視　　　　⑤ 電子郵件

⑥ 繪製水平文字方塊（插入文字方塊）

⑦ 圖案　　　　　　　　　⑧ 新增表格

⑨ 新增圖表（插入）　　　⑩ 插入 SmartArt 圖形

文字格式⑪～⑰／圖案格式⑱～㉓

⑪ 字型　　　　　　⑫ 字型大小　　　　　⑬ 字型色彩

⑭ 項目符號　　　　⑮ 編號　　　　　　　⑯ 行距

⑰ 對齊文字　　　　⑱ 設定圖形格式　　　⑲ 圖案填滿

⑳ 色彩選擇工具：填滿　㉑ 圖案外框　　　　㉒ 外框粗細

㉓ 箭號（的種類）

位置㉔～㉛／表格與圖表的格式㉜～㊵

㉔ 移到最上層　　　　㉕ 移到最下層　　　　㉖ 靠左對齊物件

㉗ 靠上對齊物件　　　㉘ 水平均分　　　　　㉙ 垂直均分

㉚ 左右置中對齊物件　㉛ 上下置中對齊物件　㉜ 筆畫色彩

㉝ 所有框線　　　　　㉞ 儲存格邊界　　　　㉟ 手繪表格

㊱ 表格清除　　　　　㊲ 平均分配欄寬　　　㊳ 平均分配列高

㊴ 新增圖表項目　　　㊵ 編輯資料

Column

如何一次新增、刪除多個命令？

如果想一次新增、刪除多個 QATB 內的命令，可以在「自訂快速存取工具列」清單中，執行「其他命令」命令（請參考 P.044 的步驟）。

從 ❶ 左邊方塊中選取想新增的命令，按下 ❷「新增」鈕，將命令增加至 QATB。

若想刪除 QATB 內的多個命令，請選取 ❸ 右邊方塊內想刪除的命令，按下 ❹「移除」鈕。完成編輯後，按下 ❺「確定」鈕。

倘若想調整顯示順序，請從 ❸ 右邊方塊中選取命令，按下 ❻「▲」或「▼」，調整順序。

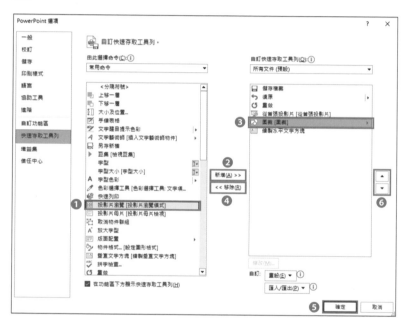

Column

請記住常用的操作

常用的操作最好新增至 QATB，但是「想復原前項操作」或「想重複相同操作多次」時，比較適合使用快速鍵，而不是 QATB 的「復原」鈕。請記住「復原前項操作」的快速鍵是 [Ctrl] + [Z]，「重複前項操作」是 [Ctrl] + [Y]，這樣可以縮短製作資料的時間。

別立即開啟 PowerPoint

**開始製作資料之前，請先寫下你思考的內容。
做好事前準備可以提高製作資料的效率。**

先拿起紙筆

應該有很多人在製作資料時，會直接開啟 PowerPoint，接著才思考該怎麼做吧？這些人可能認為就算還沒確定內容，只要先把 PowerPoint 打開，試著製作圖表，就能有所進展。

可是所謂的製作資料，就是利用電腦把腦中的想法呈現出來。在尚未決定內容的階段，直接開啟 PowerPoint 製作資料，工作效率會非常差。因此，開始著手製作資料之前，請先使用紙筆整理內容。等到內容大致底定之後，才是 PowerPoint 出場的時機。

製作資料的五個步驟

製作資料有以下五個步驟。

1. 設定目的

製作資料的第一件事就是設定製作資料的目的。即使同樣是介紹自家公司的資料，給求職者與給尋找融資對象的投資者，內容是完全不同的。因此，釐清目的是製作資料的第一步。

2. 整理資料

手邊有豐富的資料想傳遞給對方是一件好事，不過若一股腦地把這些內容都提供出去，觀看者會很難理解。製作資料時，請思考「對方想知道什麼」，仔細檢查資料。

3. 建構故事

決定「目的」與「傳遞的訊息」後，接著要建構整個資料的故事。如果故事不明確，只有部分訊息讓人留下印象，對方無法瞭解下一步該怎麼做，最後就變成「無法說服對方」的資料。建構故事的重點在於讓對方自然而然想採取行動。

4. 確認、修改內容 (手繪草稿)

獨立一人完成資料常會發生內容遺漏的問題。請找第三者協助檢查你整理過的內容，確認是否可以輕易傳達訊息。此外，商用資料的製作方向會隨著主管的想法而有大幅變動。使用 PowerPoint 製作資料之前，請先確認清楚，避免白費功夫。

5. 製作資料

從這個步驟開始才使用 PowerPoint 製作資料。換句話說，尚未完全確定投影片的製作內容之前，先別開啟 PowerPoint。依照上述五個步驟，確定內容再開啟 PowerPoint，這樣就不用煩惱「應該寫什麼？」，可以提高工作效率。

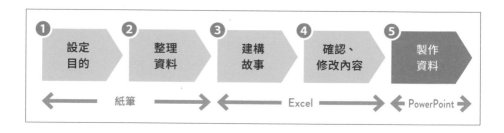

解說

設定符合期限的時間表

從最後期限反推時間表，
設定可以從容完成資料的時程。

按照目的思考時間表

前面說明過，製作資料的第一步驟是「設定目的」，不過訂出完成整份資料的時間表也一樣重要。不論你製作的資料有多優秀，若趕不及最後期限，一切努力都將付諸東流。請設定最終必須製作的資料以及最後期限（終點），並反推出適當的時間表。

制定時間表的重要關鍵是保留足夠的時間。請至少保留二～三天的緩衝時間，處理可能發生的問題，包括五個步驟中的某個步驟花了較多的時間，電腦有問題而無法開機，或印表機無法列印等。

與討論對象約定時間

制定時間表還有一個應考慮的重點，就是要 ⛏ 先確認資料回饋者的時間。即使一切順利，可是想與主管討論內容的那一天，主管卻不在，結果浪費了一整天，這樣就太可惜了。至少要預留步驟 4「確認、修改內容」以及完成資料時共兩次的回饋時間。請先設定這兩次的回饋時間表，提前向對方確認日期與時間。

⛏ 確認回饋者時間的另一個優點

先確認回饋者的時間還有另外一個優點，就是該日期會成為中間期限。假設必須在「兩週後提出資料」，一個人獨立作業時，可能會拖拖拉拉，認為「下週再做就好」。可是自行提前設定本週要把資料交給主管，就可以建立中間期限。

解說

製作資料的步驟1
設定目的

思考資料的內容時，最重要的就是設定目的，
「誰」、「向誰」、「希望做什麼」。
一開始先設定目的，確定投影片需要的資訊。

設定目的是製作資料的指南針

製作資料時，最重要的是思考資料的目的。設定目的就是決定資料的方向。

基本上，商用資料是一種讓「誰（讀者）」可以「採取行動」的溝通手段。因此資料的目的是「誰」、「向誰」、「希望做什麼」等三點構成。先設定具體的目的，再思考資料的整體流程，才能製作出優質的資料。

請確認資料的目的「誰」、「向誰」、「希望做什麼」。

以下將以「桃太郎股份有限公司」為例來思考。

桃太郎股份有限公司開始銷售以 20 歲～30 歲女性為目標的新商品「桃太郎圖案吉備糰子」。桃太郎董事長要求業務部門的犬山「希望可以開發便利商店當作新的銷售通路」。

犬山與猿川課長討論時提出「我們先拜託便利商店的店長下試賣訂單吧？」，因而立即與平日有往來的雉田店長約好下週前往拜訪。

決定「向誰」

首先要確定三個目標元素中的「向誰」。「向誰」是指當你說明資料之後，希望對方採取行動的關鍵人物（重要人物）。製作資料時，先 ⚑ 確定關鍵人物是很重要的事情。如果可以鎖定這個關鍵人物，就能增加資料的說服力。在「桃太郎股份有限公司」這個案例中，「已經約好下週拜訪的便利商店雉田店長」就是這個關鍵人物。重要的是，必須鎖定「已經約好下週拜訪的便利商店雉田店長」，而不是「便利商店的店長」。

⚑ 推廣業務時，先瞭解、分析關鍵人物至關重要。事實上，即使獲得多數員工的認同，卻沒有取得總經理的同意而無法成交的案例比比皆是。

設定「希望做什麼」

確定這是「向誰」提供的資料之後，接著要設定期待對方採取的行動。決定期待對方的行動時，必須思考該行動是否可能實現。一般的業務會談很少出現介紹產品後立即購買的情況。通常對方聽完介紹之後，會先試用產品，確認報價，再評估是否要購買。

在「桃太郎股份有限公司」這個案例中，與對方約時間時，已先簡單介紹了產品。因此這次的拜訪可以設定「請評估下試賣單」，當作希望對方採取的行動。設定期待對方採取的行動時，也別忘了思考該行動的期限。清楚的期限可以說服對方。

Column

別忘了分析「誰」

我們很容易忽略資料是由「誰」製作？換句話說，自我分析也很重要。是否已與對方建立信賴關係？在對方眼裡，你是什麼樣的人？這些都會影響你要說明的資料內容。假設你自認已經與對方建立信賴關係，對方也很熟悉討論的內容，就可以省略基本說明及細節。然而，向初次見面的對象介紹產品時，就得提供詳細的資料。想像溝通對象眼中的自己，可以藉此評估資料內容的深度。

準備目的投影片

決定「誰」、「向誰」、「希望做什麼」之後，先製作成投影片，以避免忘記這三點。目的投影片請先放在資料的開頭，在製作資料的過程中，可以隨時回顧，避免資料偏離已經設定好的目的。

把「桃太郎股份有限公司的案例」製作成投影片，結果如下所示。

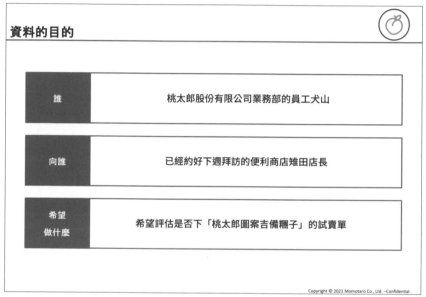

目的投影片範例

 提供資料給外部時，請刪除目的投影片。

製作資料步驟 2
根據對象整理資料

整理要傳遞的內容時，分析對象是很重要的關鍵。
請試著分析「獎勵」、「阻礙」、「知識與興趣」等三點。

傳達對方想知道的內容

決定「誰」、「向誰」、「希望做什麼」等目的之後，接著要篩選出讓對方採取行動的必要資訊。

這裡最重要的關鍵是，建立自然引導對方採取行動的資料流程。不論你的想法有多棒，只顧著「自說自話」，沒有確切傳達「對方在意的重點」或「想知道的事情」，就不算是良好的溝通。請妥善整理你想傳遞的訊息，讓對方毫不猶豫地採取下一步行動。

 你必須思考對方想瞭解的資料，而不是你想傳遞的內容。

分析對象的三個重點

分析對象時，要從 ①獎勵、②阻礙、③知識與興趣等三個方面來評估。請以前面「桃太郎股份有限公司的案例」中出現的便利商店店長為例來思考。

獎勵是指「讓對方想這麼做的關鍵」。在「桃太郎股份有限公司的案例」中，找出可以讓便利商店店長想這麼做的關鍵極為重要。例如，「折扣」等與金錢方面有關的部分，或「成為接受表揚的優秀門市」，這些都可能是有效的獎勵。

第二點是阻礙。這是指與獎勵相反，「讓對方不想這麼做的關鍵」。在「桃太郎股份有限公司的案例」中，可能是吉備糰子的庫存風險高、附近門市已經開始銷售（銷售優先順序較低）等。一旦對方失去興趣，就得花更大的力氣吸引對方。因此製作資料時，請深入分析，瞭解風險。

第三點知識與興趣是指「對方在意的關鍵」。你推薦的內容，對方一點都不在意，這種情況很常見。在「桃太郎股份有限公司的案例」中，便利商店的店長若對烹飪有興趣，或許會重視吉備糰子的口味。倘若他正在瘦身，可能會在乎卡路里。請仔細瞭解對方，再篩選出對方關心的事物，放入資料內。

萬用型資料結構「背景、問題、解決對策、效果」

製作資料時，可以思考「背景」、「問題」、「解決對策」、「效果」等四個元素再整理歸納。

「背景」包含現況與目標。接著在「問題」表示現況與目標之間產生落差的原因。「解決對策」包括消除落差的方法與理由，並導入評估標準。最後在「效果」列出解決對策的效果及成本、時間表。

分配的標準是背景占整體的 10～20%，問題與解決對策分別是 30～40%，效果是 10～20% 左右。

構成元素		分配	概要
背景	背景	10～20%	●傳達觀看者目前的狀況 ・現實中的現況及趨勢 ・整理觀看者期望的內容
	目標、目的		●傳達現況與觀看者想達到的狀態「落差」 ・領先一步的競爭對手成功案例 ・目標數值及指標
問題		30～40%	●傳達產生落差的「原因」（問題） ・競爭對手與自家公司的落差及可能的原因 ・目標數值與現況的落差及可能的原因
解決對策		30～40%	●針對問題提出「解決對策」並評估 ・導入新產品或服務的內容及原因、評估標準、比較選項
效果		10～20%	●傳達該解決對策的「效果」及花費的「成本」 ・導入產品、服務可以期待的效果及成本

解說

製作資料步驟 3
建構故事

建構故事是指決定投影片結構、投影片標題、
投影片訊息、投影片類型等四個元素。
請掌握建構故事的步驟。

建構故事的四個元素

整理「目的」與「對象想知道的資訊」後，終於要開始建構故事。建構故事是指①投影片結構、②投影片標題、③投影片訊息、④投影片類型等四個元素，再決定資料的流程。

在製作資料的五個步驟中，建構故事屬於中間步驟。而步驟 4「確認、修改內容」需要請第三者確認你建構的故事，因此請利用記事本或 Excel，簡單整理出故事的結構。

 請以讓第三者方便確認的方式建構故事。

建構故事的三個步驟

接下來將按照以下三個步驟決定元素。

1. 決定投影片結構

「決定投影片結構」是指「分解要傳達給對方的資訊並分配到每張投影片中」。
這裡的關鍵是必須把要傳遞的資訊歸納成三點。資訊太多或太少都不容易傳達給對方。請把真正需要傳遞的內容整理成三點，讓對方容易留下印象。

2. 決定投影片標題、投影片訊息

接下來要決定每張投影片的標題與訊息。

投影片標題是投影片內容的扼要說明，放置在投影片的最上方。請盡量以名詞或代名詞做結尾，避免長篇大論。

投影片訊息是你想透過投影片傳遞給對方的主張，必須放在投影片標題的下方。請將資料濃縮成一句話。

	投影片標題	投影片訊息
特色	・不含主張 ・以名詞或代名詞結尾 ・20 個字以內	・包含主張 ・以文章方式呈現 ・50 個字以內
具體範例	・桃太郎圖案吉備糰子的三大特色	・桃太郎圖案吉備糰子是希望吸引女性顧客購買的商品

3. 決定投影片類型

最後要決定以何種表現方法來說明投影片訊息。投影片類型包括「條列式」、「圖解」、「表格」、「圖表」、「影像」等五種。下一章將會分別說明這些類型的特色。請瞭解投影片的構成元素，選擇最適合呈現的投影片類型。

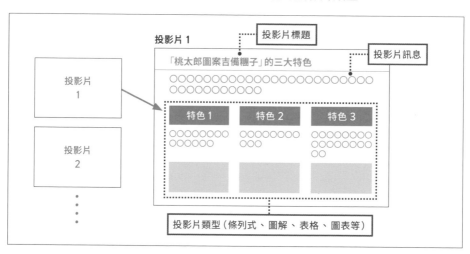

建構故事結構

決定了①投影片結構、②投影片標題、③投影片訊息、④投影片類型等四個元素之後，利用記事本或 Excel 整理成表格。把這些內容整理成一張表格，不僅可以確認整個投影片的流程，也能檢查是否遺漏重要的元素。利用「桃太郎股份有限公司的案例」製作出來的表格如下所示。請你也試著製作看看。

		標題	訊息	類型
1	概要	「桃太郎圖案吉備糰子」的三大特色	「桃太郎圖案吉備糰子」想以①美味、②可愛、③健康的角度吸引 20-30 歲女性購買	圖解
2	特色①	美味的	對目標客群進行消費者盲測後，「桃太郎圖案吉備糰子」獲得了優於競爭對手的評價	圖解
3	特色②	可愛的	「桃太郎圖案吉備糰子」的拍照效果比傳統的吉備糰子好	影像
4	特色③	健康的	「桃太郎圖案吉備糰子」的卡路里比其他吉備糰子低，天天吃也不用擔心體重增加	圖表
5	其他	價格比較	「桃太郎圖案吉備糰子」能以合理的價格銷售給消費者，而且對零售商而言，它也是利潤高，很吸引人的商品	表格
6	下一步	下一步	為了迎接吉備糰子旺季在門市推廣與折扣活動，請考慮先下試賣訂單！	圖解

把想傳達的訊息整理成三個部分，包括「商品概要」、「其他（價格）」、「下一步」等。

Column

適合資料構成元素的投影片類型

選擇適當的投影片類型對正確呈現投影片標題與訊息非常重要。下表整理了對應「背景」、「問題」、「解決對策」、「效果」的投影片類型。

「背景」是用來傳達你瞭解對方的狀況與問題。建議使用條列式，避免進入主題之前的前言太冗長。而「問題」、「解決對策」、「效果」必須蒐集訊息，並具體、合理地整理歸納。請根據你想傳遞的訊息，分別使用圖解、表格、圖表、影像等類型來呈現。

構成元素	投影片類型	整理資料的原則	使用情境
背景	條列式	簡潔	以文章顯示提案內容的背景 例：顧客的期望、需求、社會背景等
	圖表		提案時，顯示已經瞭解對方的業界現況及競爭態勢等相關資訊 例：業界的市場規模趨勢、消費者動向等
問題	圖解	全面、合理、具體	顯示多個問題的關聯性 例：必須列舉多個問題，或這些問題的原因是一個問題的起因時
	圖表		想顯示定量且易於瞭解的問題 例：銷售下降或持平、消費者對商品的滿意度低於其他公司的商品等
	影像		以視覺化方式一針見血地呈現問題 例：堆積如山的庫存照片、顧客大排長龍等
解決對策	圖解		顯示問題與解決對策的關聯，或列舉多個解決對策 例：貴公司的問題及其解決對策、三個解決對策等
	表格		
	影像		希望對方具體想像解決對策 例：商品的照片或服務示意圖等
效果	圖解		評估多個解決對策的效果，或比較自家公司與其他公司的金額、效能、交期等項目
	表格		例：比較解決對策的評估結果、導入本公司與其他公司的商品或服務時的效果
	圖表		讓對方具體想像效果 例：導入本公司的服務時，降低成本的圖表等

解說

注意
一張投影片一個訊息

製作投影片的原則之一是「一張投影片只提出一個主張」。
必須篩選資料,而非塞入大量內容。

一張投影片一個訊息的原則

製作投影片時,原則是一張投影片一個訊息。這是指「在一張投影片中,只傳達一個訊息」,換句話說,你必須將透過該投影片想表達的內容減少成一個。

前面曾提到,商用資料是讓「誰(對象)」可以「採取行動」的溝通手段,每張投影片都是為了引導該對象一步一步朝著目標前進而製作的。別在一張投影片中塞滿大量資訊,請思考何種內容才可以讓對象朝著目標邁進。

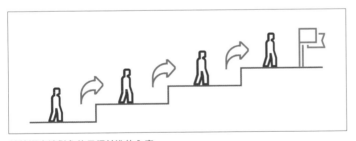

請篩選出讓對象往目標前進的內容

若有多個主張請放在不同的投影片內

撰寫投影片訊息時,可能會遇到非得呈現多個主張的情況。此時,可以考慮把投影片分成幾頁,而不是刪減其中一個主張。有時也會看到以條列式的方式呈現投影片訊息,此時請修改投影片訊息,視狀況將投影片的內容分開。

製作資料步驟 4
手繪投影片示意圖

使用 PowerPoint 製作投影片之前，請先準備紙筆，製作每張投影片的草稿，確認內容。

製作投影片的草稿

建構故事時，決定了投影片標題與投影片訊息。接下來請根據所選擇的投影片類型，製作內容的草稿。請用紙筆完成投影片的草稿，別使用 PowerPoint。先打好草稿可以簡化用 PowerPoint 製作投影片的步驟，縮短整體的工作時間。

製作草稿可以確認每張投影片的方向。與步驟 4「確認、修改內容」中完成的故事草稿一起確認，在提出資料前的最後檢查時，可以大幅降低修改資料的可能性。

確認圖解、圖表類型及版面配置

草稿不需要仔細寫出所有元素，主要的檢查重點包括圖解、投影片類型（種類）及版面配置。

1. 圖解或圖表類型

首先要決定符合投影片類型的型態（種類）。例如，「圖解」包括列舉型、對比型、流程型，而「圖表」的選項有直條圖、圓形圖等。請針對建構故事時決定的投影片訊息，選擇適合說明的型態（種類）。此外，製作草稿時，請將「圖解」的「小標題」、「表格」的第一行與第一列、「圖表」的項目排列順序寫清楚。

2. 版面配置

確定型態（種類）之後，接下來要決定投影片的版面配置。

例如，「圖解」要垂直或水平排列元素？「圖表」選擇直條圖或橫條圖？不一樣的版面配置會給人截然不同的印象。請思考哪種版面配置比較容易讓對方瞭解，評估元素的排版方式。

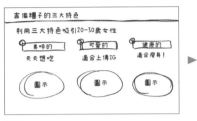

草稿

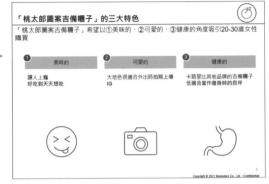

完成圖

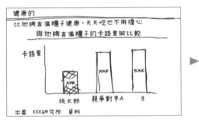

草稿

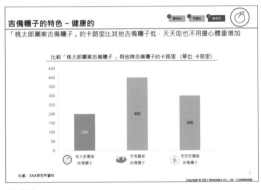

完成圖

Column

檢查內容時的注意事項

決定了投影片訊息之後，最重要的是請第三者檢視內容，確認是否能輕易傳達訊息。
為了避免浪費對方的時間，請注意以下幾點，讓第三者可以順利確認內容。

事前準備

開會之前，請準備步驟 1 製作的「目的投影片」、步驟 3 製作的「故事結構」、步驟 4
製作的「投影片草稿」等三種資料。
同時先整理你想透過開會確認的重點，並記得即時提問。

開會

首先利用「目的投影片」說明資料的目的，並告訴對方想透過開會確認的重點。
利用「故事結構」說明整份資料，可以讓會議順利進行。大量使用「投影片草稿」可
能會讓對方的注意力轉移到枝微末節上，因此最好當作補充資料使用。

事後修正

請盡快把開會確認的修改部分反映在資料上，因為提供建議的人會在意結果。請向
對方確認更新後的內容，再繼續製作資料，避免未確認就繼續準備資料。

解說

投影片的結構包括
「標題、摘要、目錄、內容、結論」

商用資料除了內容之外，還必須製作出其他投影片。
在製作投影片的最後階段別忘了加上去。

加上「標題」、「摘要」、「目錄」、「結論」

到目前為止，根據「對方想知道的資訊」製作了資料內容。可是商用資料並非只有內容部分。必須以包夾內容的方式，在資料開頭插入「標題」、「摘要」、「目錄」，在結尾插入「結論」。請將這些元素分別製作成不同的投影片。別忘了把這些元素先加在故事結構中。

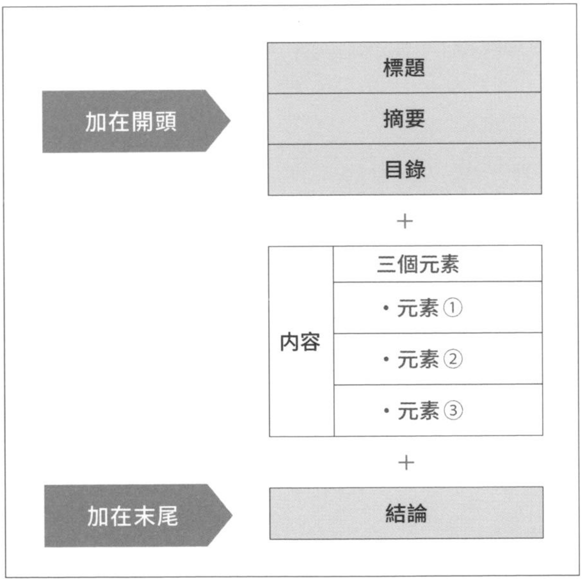

加在開頭 →	標題
	摘要
	目錄

+

內容	三個元素
	・元素①
	・元素②
	・元素③

+

| 加在末尾 → | 結論 |

四個元素的製作重點

1. 標題

在標題投影片輸入投影片的標題、日期、製作者等資料。倘若會經常更新投影片的內容，最好寫上版本，才能瞭解投影片的新舊。

2. 摘要

在摘要投影片中，把整個資料的內容整理在一張投影片內。請利用「條列式」扼要歸納。偶爾會看到沒有摘要的商用資料，但是多數人在瀏覽資料時，只看這一頁，所以請記得製作。

3. 目錄

請在目錄投影片輸入整份資料的結構。列出每張投影片的標題，顯示按照何種順序介紹內容。

倘若資料的份量很多，請在內容轉換時，重新插入目錄，顯示整份資料的進度。

4. 結論

在結論投影片輸入整份資料的總結與期待對方採取的行動。和摘要一樣使用「條列式」，扼要歸納重點。

第 **2** 章

讓資料一看就懂的第一步！

製作資料的基本技巧
文字輸入與
條列式的原則

完成草稿後，終於該 PowerPoint 上場了。
當你掌握了潛規則之後，
可以製作出更淺顯易懂的資料。

利用快速鍵節省
放大與縮小文字的時間

技 巧 等 級 2

☺ ☺ ☺

快速鍵可以讓製作投影片時，
一定會用到的縮放字型變得更有效率！

Bad

> 要逐一設定放大數字，縮小單位（pt）非常麻煩，使用快速鍵可以提高工作效率

每次更改字型大小時，都得移動游標。由於數量龐大，非常花時間

完成草稿，請第三者檢查之後，終於該 PowerPoint 上場了。請按照草稿製作投影片。後面的章節將說明讓資料一看就懂的製作重點，包括條列式、圖解等。這些技巧的基礎就是以適當的方式輸入文字。製作條列式或圖案時，也需要具備安排文字位置及強調文字的基本知識。請先掌握文字輸入的技巧，完成淺顯易懂的資料。

使用快速鍵放大與縮小文字

PowerPoint 的資料通常會對內文、小標題、投影片訊息分別設定不同字型大小。可是每次更改時，都得將游標移動到「常用」標籤的「字型大小」，非常麻煩也很費時。

若要縮短製作資料的時間，就得減少這種無謂的動作。此時，快速鍵就是不可缺少的重要技巧。

使用 [Enter] 鍵左邊的 [「] 與 []] 鍵，可以縮放字型。選取文字，按下 [Ctrl] ＋ []] 鍵，即可放大字型。若要縮小字型，只要選取文字，按下 [Ctrl] ＋ [「] 鍵即可。

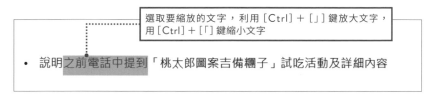

假設字型大小為 14pt，按一次 [Ctrl] ＋ []] 鍵會變成 16pt，按兩次變成 18pt。反之，按一次 [Ctrl] ＋ [「] 鍵，字型大小會變成 12pt，按兩次是 11pt，每次可以分別縮放 0.5～2pt。請利用快速鍵調整成你想設定的字型大小。

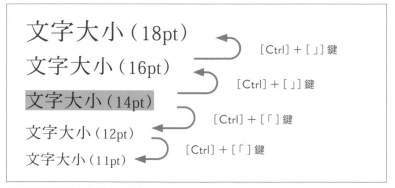

※ 假設當作基準的文字大小為 14pt

統一文字配置

技巧等級 1
☺ ☺ ☺

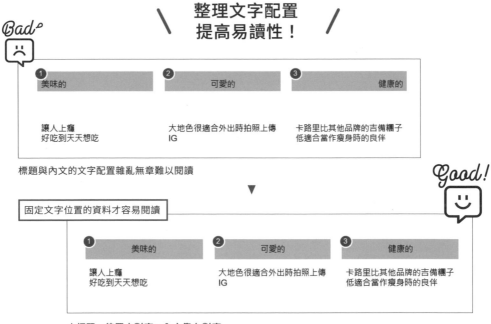

整理文字配置
提高易讀性！

Bad

標題與內文的文字配置雜亂無章難以閱讀

▼

固定文字位置的資料才容易閱讀

Good!

小標題一律置中對齊，內文靠左對齊

統一文字配置，製作出清楚易懂的資料

製作 PowerPoint 的資料時，請先建立配置文字的規則。文字配置是指在圖案或文字方塊內，讓文字對齊上下左右其中一個方向。

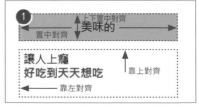

虛線是文字方塊

檢視 Good 圖，可以發現這是依照小標題（圖形）內的文字水平置中，其他文字靠左對齊的規則製作而成。垂直位置是小標題（圖形）內的文字上下置中對齊，其餘文字靠上對齊。

先決定規則，製作出來的資料比較容易閱讀，如小標題（圖案或表格）的文字置中對齊，內文靠左對齊；反之，倘若每頁、每個元素的文字配置雜亂無章，就很難閱讀，也可能會降低對方對你的信賴感。

 請記住基本的文字位置是圖案或表格的小標題置中對齊，其餘文字靠左對齊。

對齊位置的省時技巧

對齊文字的使用頻率很高，請利用快速鍵及快速存取工具列縮短製作資料的時間。

使用快速鍵調整文字的水平位置

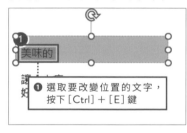

 想讓字串置中對齊時，請按下 [Ctrl] +
[E] 鍵，靠右對齊是按下 [Ctrl] + [R] 鍵。

對齊文字（水平位置）	快速鍵
靠左對齊	[Ctrl] + [L] 鍵
靠右對齊	[Ctrl] + [R] 鍵
置中對齊	[Ctrl] + [E] 鍵

使用快速存取工具列（QATB）調整文字的垂直位置

雖然也有快速鍵可以調整文字的垂直位置，但是步驟比較複雜，最好利用 QATB 完成設定。本書提供的 QATB 已經加入了調整垂直位置的設定。

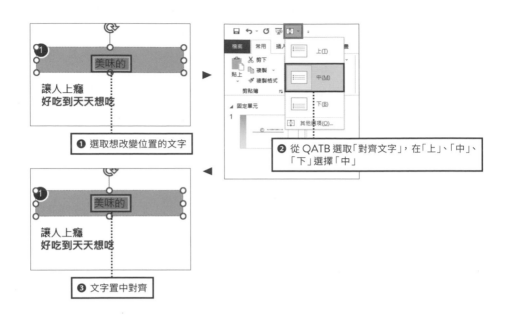

❶ 選取想改變位置的文字

❷ 從 QATB 選取「對齊文字」，在「上」、「中」、「下」選擇「中」

❸ 文字置中對齊

沒有使用本書提供的檔案，又想把調整文字位置的功能加入快速存取工具列時，請在「常用」標籤的「段落」群組中，於「對齊文字」上按下右鍵，執行「新增至快速存取工具列」命令。

潛規則
10

改變文字顏色
藉此強調重要的內容

技巧等級 2
☺ ☺ ☺

以相同文字大小及顏色製作資料…
不曉得哪裡才是重點！

Bad

- 今天從美味、可愛、健康的觀點，介紹可以吸引便利商店甜點主要消費客群 20-30歲女性購買的「桃太郎圖案吉備糰子」
- 就毛利的觀點而言，這是可以提高門市利潤的商品
- 建議先購買30個試賣，以評估是否正式引進
- 如果貴公司在本週下了試賣訂單，將可以享受和試賣訂單一樣的進貨價格折扣，請考慮是否盡快下試賣訂單

必須看完條列式的內容才能理解。由觀看者自行判斷重點

▼

Good!

- 今天從**美味、可愛、健康**的觀點，介紹可以吸引便利商店甜點主要消費客群 **20-30歲女性**購買的「桃太郎圖案吉備糰子」
- 就**毛利**的觀點而言，這是可以提高門市利潤的商品
- 建議先購買**30個試賣**，以評估是否正式引進
- 如果貴公司在**本週**下了試賣訂單，將可以享受和試賣訂單一樣的進貨價格折扣，**請考慮是否盡快下試賣訂單**

使用粗體、改變文字顏色，讓重點一目瞭然，將想法清楚地傳達給對方

強調文字讓內容產生強弱對比

內容較多的資料在未調整的狀態下，很難告訴觀看者哪裡比較重要。如 Bad 圖所示，就算使用了條列式，仍無法讓人「一眼立即」瞭解「哪裡是重點」，就毫無意義。

請使用「裝飾」、「顏色」、「字型大小」，強調希望對方注意的重要部分。

⍝ 強調文字有助於簡報說明

簡報時，你是否遇過因為文字量過多而變成逐字唸稿的情況？先強調文字，可以讓你想起簡報中最重要的部分是什麼，能在應強調的重點加強語氣。

組合五個強調技巧

你可以使用以下五個技巧強調文字。

① 設定粗體
② 改變顏色
③ 改變文字大小
④ 加上底線
⑤ 設定斜體

別單獨使用這些技巧，將這些技巧搭配組合，可以發揮更強大的威力。尤其「①設定粗體」、「②改變顏色」是很好用的組合，請先記下來。

強調文字的組合技巧

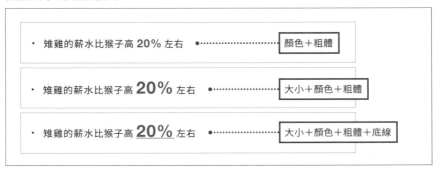

🖍 使用「②改變顏色」的技巧時，請選用基本色或重點色，讓整份資料具有一致性。重要部分使用重點色，可以讓觀看者的注意力更集中在該部分。

🖍 濫用強調文字會造成反效果。例如，在一張投影片中，隨便加上「底線」、「粗體 × 底線」、「斜體 × 粗體 × 底線」等強調效果時，會讓人很難瞭解資料的優先順序，觀看者也會感到混亂。

最後利用複製格式
一次完成強調文字的設定

技巧等級 2

☺ ☺ ☺

\ 在最後一次完成強調文字的設定，
就不會花太多時間！ /

Good!
☺

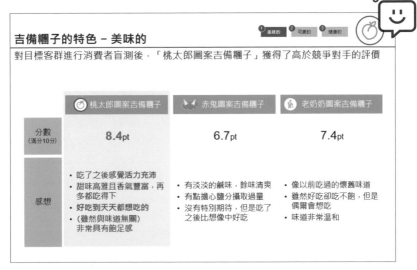

完成內容後，利用複製及貼上格式，一次完成強調文字的設定

最後一次完成所有強調文字的設定

請別在每次輸入內容時，就執行強調文字的設定。這樣不僅浪費時間，也可能在製作過程中，改變強調文字的組合或原則，使資料失去一致性。

請在完成所有內容之後，統一套用固定原則，才能以良好的效率製作出具有一致性的資料。

利用貼上格式裝飾文字

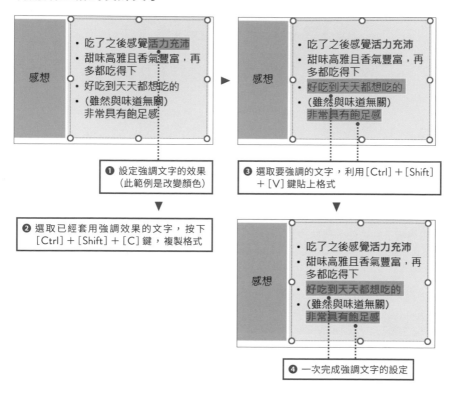

使用快速鍵強調文字可以節省時間

	操作方法	範例
① 改變大小	［Ctrl］＋［「」］鍵	強調文字是製作資料的重要關鍵
② 設定粗體	［Ctrl］＋［B］鍵	**強調文字**是製作資料的重要關鍵
③ 加上底線	［Ctrl］＋［U］鍵	強調文字是製作資料的重要關鍵
④ 設定斜體	［Ctrl］＋［I］鍵	強調文字是製作資料的重要關鍵

選取「常用」標籤→「字型」→「字型色彩」可以更改文字的顏色。不過，先把這個功能新增到快速存取工具列比較方便（也可以選取想調整的文字，按下右鍵，設定「字型色彩」）。

解說

斟酌斷字處理
注意換行位置的易讀性

想製作出容易閱讀的資料，秘訣就是試著唸出來。
單詞中途換行會妨礙閱讀。
請消除換行，讓觀看者將精神集中在資料上。

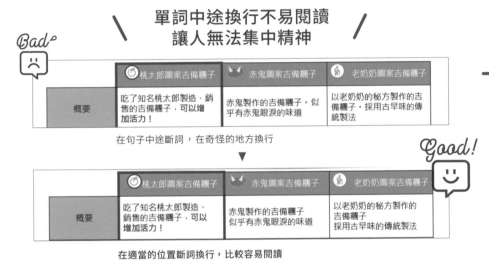

單詞中途換行不易閱讀
讓人無法集中精神

在句子中途斷詞，在奇怪的地方換行

在適當的位置斷詞換行，比較容易閱讀

斷詞是打亂觀看者閱讀節奏的大敵

在圖案中輸入內容時，可能因為方塊大小而在不適當的地方斷詞換行，導致句子中斷。中途斷詞換行的內容不易閱讀，請利用 [Shift] 鍵＋[Enter] 鍵刪除斷詞。

大致輸入內容後，請檢查文字方塊的兩端，確認是否在不適當的地方斷詞。

 再三琢磨可以製作出真正方便閱讀的資料。

解說

讓資料一看就懂的秘訣是使用條列式

以下將學習製作投影片時的呈現方法。
只用長文製作出來的資料很難讓人理解。
掌握條列式的用法，能以讓人一看就懂的狀態呈現整份資料及結論。

要製作出「一看就懂」而不是「細讀才懂」的資料

我們有時會看到所有的投影片都是以長文呈現的商用資料。只用長文製作而成的資料很難讓人瞭解整體概念及結論，不易將訊息傳達給觀看者。比方說，請閱讀以下內容。

以長文構成的資料

> ●桃太郎徵人啟事
> 桃太郎招募了夥伴一同去擊退惡鬼。他找到的夥伴是嗅覺靈敏，可以追蹤惡鬼味道的「小狗」，以及能在空中飛，可以偵查鬼島的「雉雞」，還有四面八方都有管道，擅長收集資料的猴山大王「猴子」。他給夥伴的獎賞是「小狗」可以獲得兩年份的狗糧，「雉雞」能擁有一公頃的森林當作巢穴，「猴子」得到猴村酒館 30 張免費餐券。

你看完這段文章後有什麼感覺？冗長的內容讓人無法瞭解結論，也不知道哪裡是重點。使用 PowerPoint 製作資料時，一眼就能理解內容比起鉅細靡遺的說明更重要。請用心製作出「一看就懂」而不是「仔細閱讀才能瞭解」的資料。適當運用條列式，可以簡潔呈現結論，輕易傳達整體概念或邏輯結構。

利用條列式呈現整體概念

將上述內容改成條列式的結果如下圖所示。利用縮排（讓文字後退以提高資料的易讀性），把「小狗」、「雉雞」、「猴子」的優勢與成本放在相同階層，就能一目瞭然。改用條列式之後，整個概念就變得具體清楚。

條列式範例

- 為了擊退惡鬼，桃太郎根據優勢與成本等兩個觀點招募了「小狗」、「雉雞」、「猴子」當作夥伴。
  - 小狗
    - 優勢：嗅覺靈敏，可以追蹤惡鬼的味道
    - 成本：兩年份的狗糧
  - 雉雞
    - 優勢：可以從空中偵查鬼島
    - 成本：一公頃的森林當作巢穴
  - 猴子
    - 優勢：可以透過各種管道收集資料
    - 成本：30 張酒館免費餐券

Column

條列式可以對應邏輯樹

條列式與邏輯樹可以互相對應。邏輯樹是把高階概念（Mutually Exclusive Collectively Exhaustive，縮寫為 MECE）分解成不遺漏、不重複的樹狀圖。這是一種用證據補充想法，並證明該事實有依據的結構。條列式可以表現階層，能不遺漏、不重複地整理元素。

邏輯樹與條列式

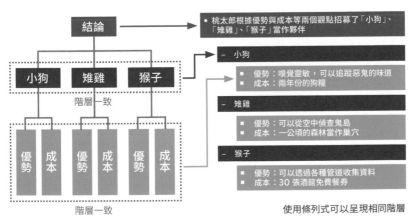

使用條列式可以呈現相同階層

不可手動輸入條列式

技巧等級 1

使用「‧」與空格建立條列式⋯ 為什麼看起來亂七八糟？

| 感想 | ‧吃了之後感覺活力充沛
‧甜味高雅且香氣豐富，再多都吃得下
‧**好吃到天天都想吃的**
‧（雖然與味道無關）非常具有飽足感 | ‧有淡淡的鹹味，餘味清爽
‧有點擔心鹽分攝取過量
‧沒有特別期待，但是吃了之後比想像中好吃 | ‧像以前吃過的懷舊味道
‧雖然好吃卻吃不飽，但是偶爾會吃
‧味道非常溫和 |

手動輸入「‧」與空格，勉強製作出條列式。換行之後，不僅行頭難以辨識，也必須使用空白鍵來呈現階層

使用項目符號命令，看起來簡潔整齊！

Good!

| 感想 | • 吃了之後感覺活力充沛
• 甜味高雅且香氣豐富，再多都吃得下
• **好吃到天天都想吃的**
• （雖然與味道無關）非常具有飽足感 | • 有淡淡的鹹味，餘味清爽
• 有點擔心鹽分攝取過量
• 沒有特別期待，但是吃了之後比想像中好吃 | • 像以前吃過的懷舊味道
• 雖然好吃卻吃不飽，但是偶爾會想吃
• 味道非常溫和 |

這是使用「項目符號命令」製作的資料。縮排與行距一致，容易閱讀

運用項目符號命令

別在開頭手動輸入「‧」，請利用文字方塊與「項目符號命令」製作條列式。使用項目符號命令可以自動對齊項目符號（加在條列式行頭的符號「‧」或「-」）與文章開頭的空格（縮排），不需要利用空白鍵對齊行頭。

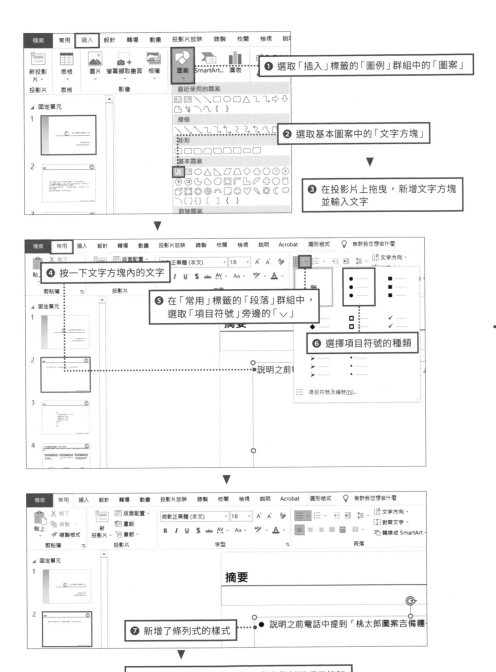

在文末的位置按下〔Enter〕鍵換行，會自動在下一行的開頭加上項目符號。

假如沒有在下一行加上項目符號，請按下〔Shift〕+〔Enter〕鍵換行。

ᗜ 中途取消條列式

如果希望從下一行開始不要套用條列式，按下〔Enter〕鍵換行後，再按下〔Backspace〕鍵，就會取消「條列式」。

必須記住的快速鍵

	動作	操作方法	範例
條列式 （項目符號）	新增	按下〔Enter〕鍵換行 ※ 條件是第一行已經加上項目 　符號	・桃太郎 ・狗 ・雉雞
	不新增就換行 （在同一清單中換行）	按住〔Shift〕+〔Enter〕鍵換行	・桃太郎 　狗 　雉雞

利用條列式的階層
整理資料

技巧等級 1

☺ ☺ ☺

運用階層整理資料

P.076「讓資料一看就懂的秘訣是使用條列式」說明過，製作條列式時，最重要的是注意階層。

在「桃太郎徵人啟事」的範例中，為了擊退惡鬼而招募夥伴的「目的」、候選人「小狗」、「雉雞」、「猴子」、以及他們的「優勢」與「成本」的資料等級都不一樣。若以相同階層製作成條列式，將很難理解。因此，製作條列式的關鍵是運用縮排，讓階層一目瞭然。

為了擊退惡鬼，桃太郎根據優勢與成本等兩個觀點招募了「小狗」、「雉雞」、「猴子」當作夥伴

- 小狗
- 優勢 ⋯ 嗅覺靈敏，可以追蹤惡鬼的味道
- 成本 ⋯ 兩年份的狗糧

- 雉雞
- 優勢 ⋯ 可以從空中偵查鬼島
- 成本 ⋯ 一公頃的森林當作巢穴

- 猴子
- 優勢 ⋯ 可以透過各種管道收集資料
- 成本 ⋯ 30 張酒館免費餐券

▼

為了擊退惡鬼，桃太郎根據優勢與成本等兩個觀點招募了「小狗」、「雉雞」、「猴子」當作夥伴

- 小狗
  - 優勢 ⋯ 嗅覺靈敏，可以追蹤惡鬼的味道
  - 成本 ⋯ 兩年份的狗糧

- 雉雞
  - 優勢 ⋯ 可以從空中偵查鬼島
  - 成本 ⋯ 一公頃的森林當作巢穴

- 猴子
  - 優勢 ⋯ 可以透過各種管道收集資料
  - 成本 ⋯ 30 張酒館免費餐券

⋯⋯⋯ 利用縮排呈現階層

在一張投影片中使用了大量條列式也會造成閱讀困難。條列式的大項目最多三個，萬一超過，請將類似的內容整合成一項（P.084）。

降低條列式的階層

如果要降低階層，請在選取該條列式的狀態，按下 [Tab] 鍵。反之，若要提高縮排的階層，請選取該條列式，按住 [Shift] 鍵不放並按下 [Tab] 鍵。

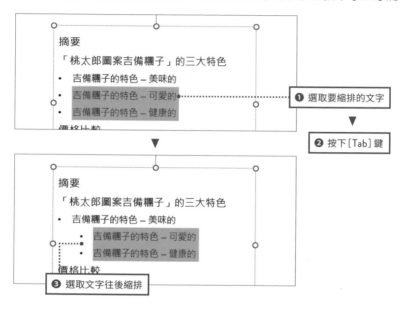

必須記住的快速鍵

	動作	操作方法	範例
階層	降低階層（等級）	選取想改變階層的文字，按下 [Tab] 鍵	• 桃太郎 　- 吉備糰子 　　□ 奶奶做的 • 小狗 　- 跳躍力
	提高階層（等級）	選取想改變階層的文字，按下 [Shift] + [Tab] 鍵	• 桃太郎 　- 吉備糰子 　- 奶奶做的 • 小狗 　- 跳躍力

條列式的階層
以三個為限

技巧等級 1

並不是只要用條列式與階層來呈現資料，就可以毫無限制地塞入大量內容。
階層愈深，資料量愈多，愈不容易閱讀。製作條列式時，請先整理資料，將階層限制在三個以內。

階層過深的條列式範例

> 為了擊退惡鬼，桃太郎根據優勢與成本等兩個觀點招募了「小狗」、「雉雞」、「猴子」當作夥伴
>
> - 候選人
>   - 小狗
>   - 性格 … 嗅覺靈敏，認真可靠，但是很貪吃
>   - 優勢 … 嗅覺靈敏，可以追蹤惡鬼的味道
>   - 成本 … 兩年份的狗糧
>   - 同意選擇我方提供的品牌
>   - 雉雞
>   - 性格 … 視力好，警覺性高，領域性強
>   - 優勢 … 可以從空中偵查鬼島
>   - 成本 … 一公頃的森林當作巢穴
>   - 設定土地條件，同意擊退惡鬼後才開始選擇土地
>   - 猴子
>   - 性格 … 溝通能力強，有野心
>   - 優勢 … 可以透過各種管道收集資料
>   - 成本 … 30 張酒館免費餐券
>   - 同意選擇以炸物為主的竹套餐

增加階層，使資料量增加，
模糊了想傳遞的內容

Column

讓條列式容易瞭解的神奇數字「3」

「三點歸納法」是可以運用在所有商業領域的技巧，不限於條列式或製作資料的情況。美國密蘇里大學的 Nelson Cowan 教授表示，人類可以瞬間記住的短期記憶極限（神奇數字）是「4±1」。

想傳遞給對方的內容盡量精簡成三個，讓對方自然記住，最多以五個為限。

P.057 的故事結構把想傳遞的訊息整理成「商品概要」、「其他（價格）」、「下一步」等三個（「概要」也鎖定「美味的」、「可愛的」、「健康的」等三個重點）。

項目的整理重點

如果要整理條列式的項目，最好採取由下而上式的分類法。大致分可以成三個步驟。

1. 創意發想
2. 將創意分類（小標題化）
3. 整理分組後的內容（調整階層，確認不遺漏、不重複）

例如「桃太郎圖案吉備糰子」的三大特色「美味的」、「可愛的」、「健康的」是蒐集品嚐過吉備糰子的人的想法（1. 創意發想），接著分類（2. 小標題化），整合成三個特色（3. 整理）。

「天天吃也不會膩」、「吃過一次就不想再吃其他品牌的吉備糰子」、「已經吃上癮」，把這些感想原封不動地記錄下來，就只是列出沒有整理過的資料而已。一個一個深入思考，「換句話說，這是什麼意義？」，結果可以歸納成「美味的」群組。同樣地，「可愛的」、「健康的」也是從各個感想中擷取出來的群組（小標題化）。

分組時，必須符合用詞的抽象度。例如，與「美味的」、「健康的」相比，「社群媒體的按讚數有 200 個」的說明較為具體，不符合用詞的抽象度（階層感）。進行分組時，找出符合階層感的用詞是很重要的關鍵。

由下而上式分類法範例

❶ 創意發想

對桃太郎圖案吉備糰子的感想

・天天吃也不會膩　・值得特地拍照上傳 IG　・熱量比西式甜點低，真的太棒了
・買來當作伴手禮，大家都說很好吃　・忍不住一直看而忘了吃　・卡路里低，
可以放心吃　・連平常在意卡路里的人也都能開心食用　・飽滿又可愛　・吃過之
後，就不會想再吃其他品牌的吉備糰子了⋯⋯

❷ 分組（小標題化）

・天天吃也不會膩

・吃過之後，就不會想
再吃其他品牌的吉備
糰子了

・買來當作伴手禮，大
家都說很好吃

・值得特地拍照上傳 IG

・飽滿又可愛

・忍不住一直看而忘了吃

・卡路里低，可以放心吃

・熱量比西式甜點低，
真的太棒了

・連平常在意卡路里的人
也都能開心食用

小標題化　　小標題化　　小標題化

美味的 ⟷ 可愛的 ⟷ 健康的

❸ 整理（調整階層感，確認是否遺漏及重複）

依照各個階層改變項目符號

改變每個階層的項目符號，可以讓資料的關係一目瞭然。請先完成設定，如第一
階層是「●」，第二階層是「－」，第三階層是「□」。

設定項目符號

在投影片母片先設定好各個階層的項目符號就很方便。

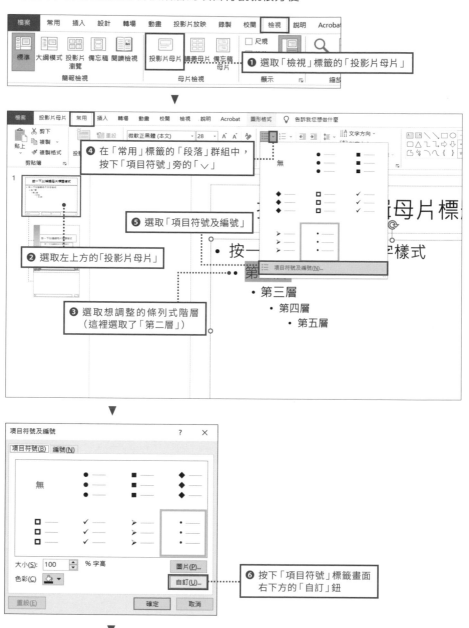

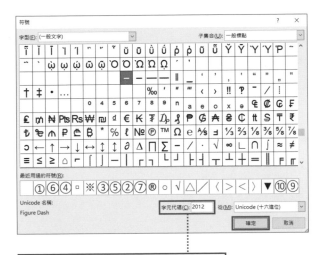

⑦ 在字元代碼輸入「2012」，再按下「確定」鈕

▼

⑧ 按下「項目符號」標籤（P.086 下圖）的「確定」鈕，關閉設定畫面

▼

- 按一下以編輯母片文字樣式
  - 第二層
    - 第三層
      - 第四層

⑨ 更改了條列式的項目符號

▼

⑩ 重複步驟❸～❽，設定其他階層，
再關閉「投影片母片」

第一層輸入字元代碼「2022」，第二層輸入「2012」，第三層輸入「25AB」，可以設定 P.085
的項目符號。

運用小標題
製作一目瞭然的資料

技巧等級 2

☺☺☺

善用小標題
提升條列式的效果！

Bad
☹

- 桃太郎把小狗、猴子、雉雞當成夥伴，但是他們來自不同地方，興趣也不一樣，所以經常吵架
- 桃太郎想讓他們瞭解彼此，凝聚團隊向心力，因而舉辦了一場酒會
  - 名稱：擊退惡鬼誓師大會
  - 時間：20XX 年 10 月 20 日（五）19:00〜
  - 場所：居酒屋 龍宮城
  - 預算：3,000 元
  - 其他：原則上禁止開車參加，避免酒後開車

雖然使用了條列式與階層，卻因為內容太多而難以閱讀…

▼

Good!
☺

背景		· 新夥伴小狗、雉雞、猴子相處不睦
目的		· 製造瞭解彼此的機會，凝聚團隊向心力
酒會概要	名稱	· 擊退惡鬼誓師大會
	時間	· 20XX 年 10 月 20 日（五）19:00〜
	場所	· 居酒屋 龍宮城
	預算	· 3,000 元
	備註	· 原則上禁止開車參加，避免酒後開車

使用小標題，讓階層更清楚，條列式也顯得簡潔

用圖解取代條列式，資料就會變得簡單易懂

小標題是指讓圖表、圖、文章的重點變得簡單明瞭的標題。在 Good 圖中，「背景」、「目的」、「酒會概要」是第一層小標題，「酒會概要」中的小標題「名稱」、「時間」、「場所」、「預算」、「備註」是第二層小標題。

 用圖解製作小標題可以提高易讀性，完成一目瞭然的資料。

條列式不可缺少小標題

商用資料最好避免必須仔細閱讀才能理解的資料。條列式的文章結構雖然比平鋪直敘的長文容易瞭解，但是若想讓內容變得更淺顯易懂，就得運用小標題。

小標題要配合階層

製作小標題時，請注意小標題之間要符合用詞的階層感。
製作步驟大致分成三個。

① 確認條列式中是否有成為小標題的關鍵字
　　例）假設條列式的內容為「**時間：20XX 年 10 月 20 日（五）19:00 ～**」，「**時間**」就是小標題。

```
－  名稱：擊退惡鬼誓師大會
－  時間：20XX 年 10 月 20 日（五）19:00 ～
－  場所：居酒屋 龍宮城
－  預算：3,000 元
－  其他：原則上禁止開車參加，避免酒後開車
```

↓ ·········· ① 把條列式的「名稱」、「時間」、「場所」、「預算」、「其他」變成小標題

名稱	・擊退惡鬼誓師大會
時間	・20XX 年 10 月 20 日（五）19:00 ～
場所	・居酒屋 龍宮城
預算	・3,000 元
備註	・原則上禁止開車參加，避免酒後開車

▼

② 如果沒有關鍵字，就把條列式濃縮成一句話

例）桃太郎想讓夥伴們瞭解彼此，凝聚團隊向心力，而想舉辦酒會。

➡ 換句話說，這個條列式代表「活動的目的」，所以「目的」就變成小標題。

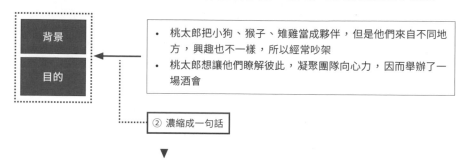

・ 桃太郎把小狗、猴子、雉雞當成夥伴，但是他們來自不同地方，興趣也不一樣，所以經常吵架
・ 桃太郎想讓他們瞭解彼此，凝聚團隊向心力，因而舉辦了一場酒會

② 濃縮成一句話

▼

③ 檢查與其他小標題的階級感是否一致

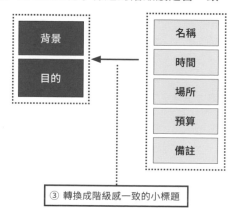

③ 轉換成階級感一致的小標題

小標題的種類包括名詞、名詞或代名詞結尾、形容詞、文章等四種

小標題的種類大致分成「名詞」、「名詞或代名詞結尾」、「形容詞」、「文章」等
四種。

最常用的是「名詞」，接著是「名詞或代名詞結尾」。如果想給人生動活潑的印
象，大部分會使用「形容詞」。文章型較少使用，但是請注意小標題具有「結
論」、「總結」，或條列式的「理由」、「元素」的特性。

	概要
名詞	最常用在小標題
名詞或代名詞結尾	沒有適當的名詞時使用
形容詞	可以讓人感覺生動活潑

文章	平述句	用小標題當作條列式總結
	疑問句	用小標題提出疑問，以條列式顯示答案及詳細內容

使用了名詞的小標題範例

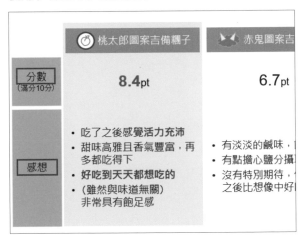

使用了名詞或代名詞結尾的小標題範例

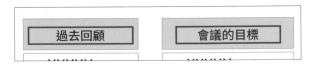

使用了形容詞的小標題範例

1 美味的
讓人上癮
好吃到天天想吃

2 可愛的
大地色很適合外出時拍照上傳
IG

3 健康的
卡路里比其他品牌的吉備糰子
低適合當作瘦身時的良伴

使用了文章的小標題範例

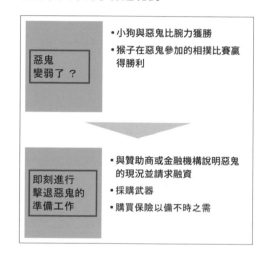

惡鬼
變弱了？

- 小狗與惡鬼比腕力獲勝
- 猴子在惡鬼參加的相撲比賽贏
  得勝利

即刻進行
擊退惡鬼的
準備工作

- 與贊助商或金融機構說明惡鬼
  的現況並請求融資
- 採購武器
- 購買保險以備不時之需

第 **3** 章

讓資料一看就懂的幕後功臣

製作圖解的
潛規則

圖解可以呈現內容的關聯性，以視覺化方式顯示想傳遞的訊息，

是「讓資料一看就懂」的重要技巧。

只要瞭解圖解模式的潛規則，

任何人都可以運用自如。

運用圖解傳遞訊息

圖解是「讓資料一看就懂」，立即理解內容的重要表現方法。
乍看之下，圖解好像很困難，其實只要瞭解潛規則，就可以輕鬆完成。
以下要學習圖解的特色及構成元素。

運用圖解提升溝通效果

製作資料時使用的圖解是指盡量別用文章，有效運用圖案、影像、箭頭、線條等
整理資料，傳達內容。

在整理與傳達訊息方面與第 2 章介紹的條列式有一些共通點。但是圖解的優點是
能以視覺化方式呈現元素的關聯性或關係，觀看者可以立刻看懂內容。

以文章傳達訊息的範例

使用圖解的範例

	以文章傳遞訊息		以圖解傳遞訊息
訊息的詳細度	記載了所有訊息		擷取重要訊息
訊息的視覺化	必須解讀訊息的階層及邏輯	⟷	能將邏輯架構視覺化
理解速度	時間較久		一看就懂

適合需要詳實傳達訊息的情況，如書面通知等 —— 適合必須簡潔傳達重點的情況，如簡報等

圖解是由四個部分構成

圖解主要是由❶說明、❷小標題、❸強調、❹影像等四個部分構成。

有效運用三種圖解類型

把想呈現的內容套用至適合的圖解類型，就可以輕鬆完成圖解。圖解類型是指，以視覺化方式呈現元素的關聯性，並利用圖案完成基本的版面配置。

本書將說明「列舉型」、「對比型」、「流程型」等使用頻率很高的圖解類型。

列舉型

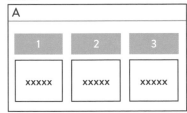

對比型

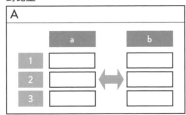

流程型

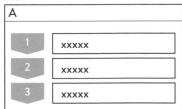

解說

三種圖解類型
1. 列舉型

想把投影片內的資料轉換成圖解，最重要的關鍵就是，分析元素之間的關係，
並使用適合的圖解類型。
「列舉型」是適合多數情況的萬用型圖解類型。

列舉型是運用範圍廣的萬用型圖解

列舉型圖解是把你想說明的內容，搭配上條列式摘要或觀點等「小標題」。使用於
條列式元素彼此關係獨立的情況。例如，適合用在表示商品魅力、問題、解決對
策等。因為運用範圍廣，也稱作萬用型圖解。

元素彼此獨立時，使用列舉型圖解

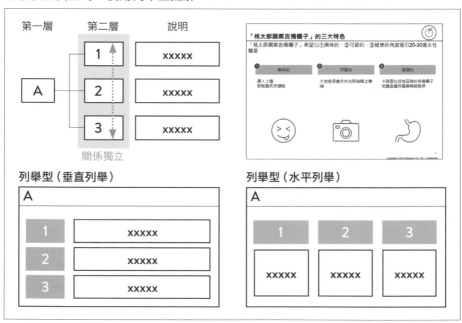

小標題具有訊息性

小標題除了當作說明摘要之外，若能把訊息包含在裡面，效果會更好。例如，以商品魅力為訴求時，與「品質」、「成本」、「交期」相比，使用「高品質」、「低成本」、「交期短」等包含主張或狀態的小標題，訊息會比較明確。

第 2 章條列式說明的「運用小標題製作一目瞭然的資料」(P.088) 就適合這種列舉型圖解。

Column

利用框架完成列舉型圖解

只要加上小標題，就可以輕易完成列舉型圖解，可是若沒有掌握到重點，不過是把資料列出來，沒辦法清楚傳達訊息。假如找不到適合的列舉型圖解項目，也可以評估是否運用框架。

框架是指有效率地思考所有事情的結構。使用框架，可以妥善整理資料，避免遺漏與重複。以下將介紹兩個典型的框架。

3C

3C 分析是以①公司 (Company)、②顧客 (Customer)、③競爭對手 (Competitor) 等三個項目分析現況的框架。開發新商品時，可以用來說明公司的處境。

行銷 4P

行銷 4P 包括①產品 (Product)、②價格 (Price)、③促銷 (Promotion)、地點 (Place)等四個項目，是可用於購買商品的策略組合。開始銷售新商品時，可以用它評估公司的行銷策略。

此外，客觀概念也可以當作一種框架使用。你可以運用「量」與「質」、「邏輯性」與「情感性」等各種組合整理資料。請積極地善加運用。

三種圖解類型
2. 對比型

對比型是比較兩個對象時使用的圖解類型。
比較商品或服務時,善用對比型圖解,可以製作出較容易瞭解的資料。

比較對象的對比型圖解

對比型圖解可以比較兩個對象,提出哪一點比較優秀。在圖解的垂直軸設定評估對象的比較項目,水平軸設定商品或服務等比較對象。假設要比較商品,在垂直軸設定「品質」、「成本」、「交期」等比較項目,在水平軸設定「商品 a」、「商品 b」等比較對象。

如果是解決對策提案,可以在垂直軸設定「效果」、「費用」、「即效性」等比較項目,在水平軸設定「解決對策 a」、「解決對策 b」等比較對象。

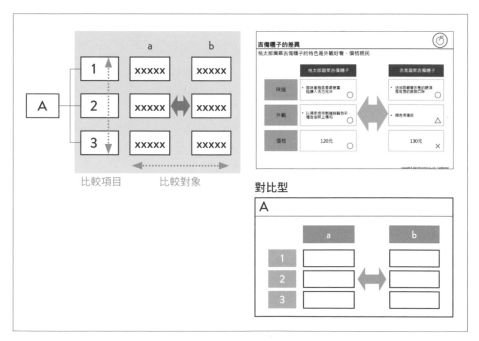

如何建立比較項目？

假設要在便利商店銷售「桃太郎圖案吉備糰子」，比較對象是成為競爭對手的「赤鬼圖案吉備糰子」及「老奶奶圖案吉備糰子」。

接下來，選擇比較項目時，請列出觀看者做決定時的必要項目。「桃太郎圖案吉備糰子」列出「味道」、「外觀」、「價格」等項目。挑選項目的關鍵在於要站在對方的角度。我們往往會選擇自家公司較占優勢的比較對象，或對自家公司較為有利的評估項目。但是這樣很難獲得對方的認同，所以確認比較對象與比較項目是否包含對方所需的資料是很重要的關鍵。

扼要介紹比較評價

使用對比型圖解時，必須讓比較項目的評價一目瞭然。加上可以一眼瞭解優劣的評價，如○× 等，並在推薦對象的小標題加上強調色，不用仔細閱讀說明，結論也一目瞭然。

請用文字輸入○×，別使用圖案。因為圖案可能因縮放尺寸而變形，修改起來也很費時。使用文字輸入，就不會發生變形問題。詳細說明請見第 4 章的潛規則 31「增加評論建立一目瞭然的表格」（P.147）。

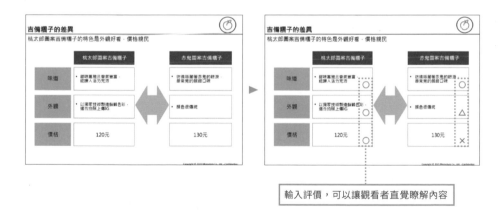

輸入評價，可以讓觀看者直覺瞭解內容

Column

對比型圖解的運用

對比型圖解除了比較對象，表現優劣之外，也適合呈現每個對象的特色或差異。

假設要比較智慧型手機與桌上型電腦。如果在通勤、通學時，要瀏覽資料或進行簡單的操作，適合使用智慧型手機；若要製作辦公資料或執行精細的修改操作，適合使用桌上型電腦。比較淑女車與公路車時，送小孩去幼稚園適合淑女車，若要當作運動騎乘，選擇公路車比較合適。

使用對比型圖解時，清楚顯示比對背景及目的很重要。請根據製作資料的目的，先完成評估。

對比型圖解的另一個特色是，能以中立的角度表現最佳選項會隨著時間及場合變化，如前面提到的案例。製作立場中立的對比型圖解時，請清楚顯示差異，別加上表示優劣的○×。

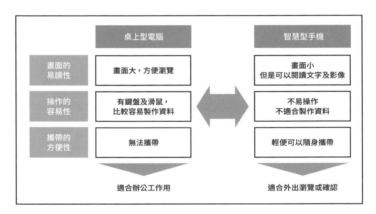

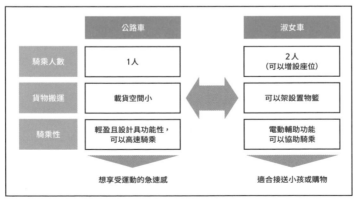

解說

三種圖解類型
3. 流程型

流程型圖解是用來說明時間流動的圖解類型。
可以用在詳細說明服務或評估下一步等情況。

表示時間流動的流程型圖解

當時間流動與元素有關時，可以使用流程型圖解。這種圖解適合以時間或步驟分解、說明元素的情況，例如「商品申請流程」、「工作流程說明」。

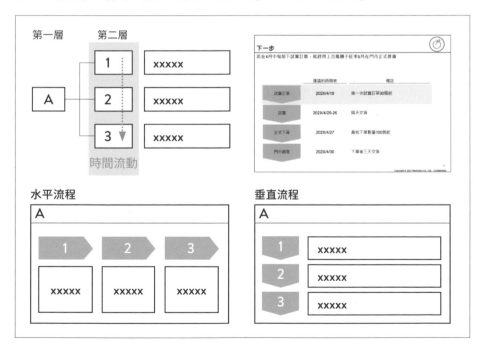

掌握從頭到尾的整體狀態

流程型圖解的關鍵是要把想說明的內容流程分成三～五個部分，沒有遺漏。劃分時，要統一小標題的階層感。

統一觀點

劃分要說明的內容流程時，必須統一觀點。例如，成為會員後，每次使用服務都可以獲得點數，之後可以用點數兌換贈品，當你在思考這種商業流程時，使用者的觀點是「註冊會員」➡「使用服務」➡「獲得點數」➡「兌換贈品」。然而，業者的觀點是「招募會員」➡「提供服務」➡「給予點數」➡「提供贈品」。如果混用了這些觀點，變成「招募會員」➡「使用服務」➡「給予點數」➡「兌換贈品」，就很難正確傳達訊息。製作流程型圖解之前，必須先決定從誰的觀點來檢視這個圖解。

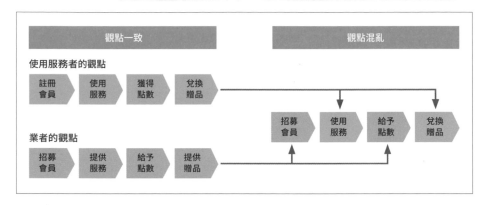

流程型圖解的小標題使用箭號圖案

流程型圖解的小標題要使用箭號圖案，除了小標題的內容外，也能以視覺化方式表現行進方向與步驟的流程，比起把矩形與箭頭組合在一起的作法，可以減少圖案的數量，看起來較為簡潔。

Column

流程型圖解的關鍵在劃分內容

由於時間的流動是連續的，所以劃分方式非常重要。以上面的會員註冊服務為例，可以分成「使用服務前」➡「使用中」➡「使用後」，但是這樣比較抽象，可能很難清楚把訊息傳達給目標對象。假設業者想分析問題以提高顧客滿意度，若歸納成使用中，無法瞭解問題出在提供服務的階段，還是給予點數的階段。關鍵在於要從與分析目的一致及易於賦予意義的角度，適當劃分內容。

解說

圖解使用的
基本圖案

運用基本圖形可以製作出簡單易懂的圖解。
以下將學習製作資料時使用的圖案種類。

圖解要使用基本圖案

圖解是使用圖案及線條表現元素之間的關係。PowerPoint 內建了各式各樣的圖案，製作圖解時，請使用基本圖案。一旦使用的圖案種類過多，投影片會失去一致性。

圖解使用的圖案

分類	圖案形狀	圖案範例	用途
圖案	矩形		・輸入小標題或說明文字
	箭號圖案		・用於流程型圖解，輸入小標題的文字
	圓形		・輸入編號
	三角形		・顯示訊息或邏輯的流程
線	直線		・輸入標題或小標題的文字（實線） ・在圖案與訊息之間畫出界線（虛線）
	折線		・連結圖案

矩形

輸入標題或說明時，可以使用矩形。矩形的種類形形色色，其中圓角矩形的圓角會隨著圖案大小改變，把不同大小的圓角矩形排在一起，圓角形狀會不一致而顯得不美觀。為了避開這個缺點，節省修改時間，基本上請使用直角矩形。

箭號圖案

顯示過程的流程型圖解會使用箭號圖案輸入小標題。改變箭頭粗細時，三角形的角度會產生變化，使用時必須特別注意。

圓形

圓形是用於在畫好的正圓形內輸入數字，加上編號的情況。與橢圓形相比，正圓形較能讓投影片顯得整齊劃一。

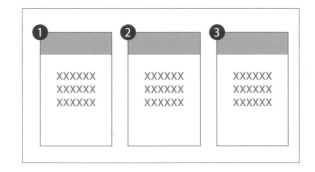

三角形

顯示訊息或邏輯的過程時，可以把三角形當作箭頭使用。列舉多個元素，導出結論時，很適合使用三角形。三角形是輔助顯示關聯性而非說明內容的圖案，請使用與基本色不同的灰色。

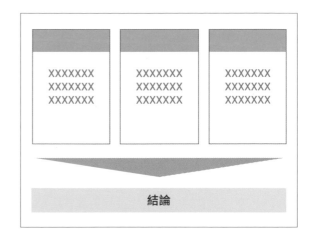

線

圖表的標題等沒有加上背
景時，直線可以讓小標題
變得醒目。
此外，虛線可以當作區分
資訊的界線。

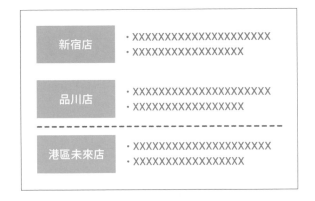

折線

折線可以連結圖案。使用
折線時，彎曲的角度統一
為 90 度，能讓圖案連結看
起來很整齊。

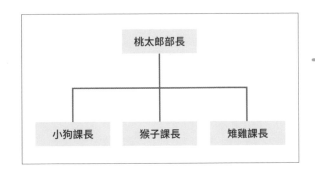

Column

線條與箭頭是相同圖案

原本想畫箭頭，結果卻誤選擇了線條，只好重新插入圖案？其實線條與箭頭基本上
屬於相同圖案，插入之後，可以進行切換。
在想進行轉換的線條按右鍵，執行「設定圖案格式」命令，在「圖案選項」中選擇「填
滿與線條」，可以改變開始與結束的箭頭類型。箭頭的形狀有很多種類，請依照用
途，選擇你喜歡的形狀及尺寸。

解說

製作圖解的
四個步驟

製作圖解時,
請按照「製作圖案」、「配置圖案」、「輸入文字」、「調整圖案」
四個步驟來進行。

快速製作圖解的方法

根據第1章「製作資料步驟4手繪投影片示意圖」(P.060)製作的草稿,預估需要用到的圖案種類及數量,插入當作基本元件的圖案,組合之後,製作出圖案「組合」。

複製圖案「組合」,編排基本圖解的版面,整理配置,在圖案內輸入文字,強調重要部分並加上影像,調整視覺。

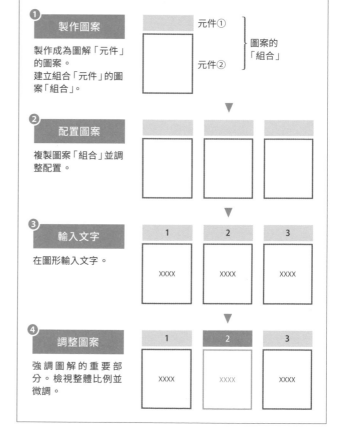

讓圖案大小
整齊劃一

技巧等級 1

☺ ☺ ☺

圖解的尺寸不一致，
會讓資料的階層感變得不協調

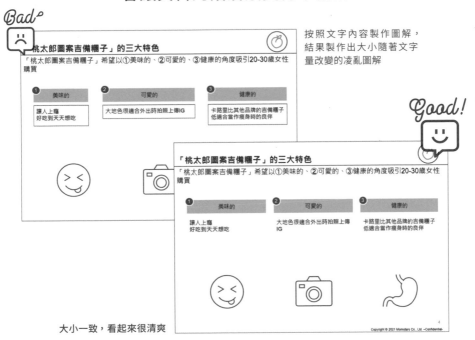

按照文字內容製作圖解，
結果製作出大小隨著文字
量改變的凌亂圖解

大小一致，看起來很清爽

邊調整圖案大小邊製作圖解

製作圖解時，要根據草稿製作圖解的元件。在不曉得圖案的基本原則下，隨便製
作會增加修改尺寸的工作，白白浪費時間。

以下將先說明調整尺寸的潛規則。

固定比例改變影像大小

縮放插入的圖案時，若不想改變長寬比，請按住 [Shift] 鍵不放再拖曳圖案。

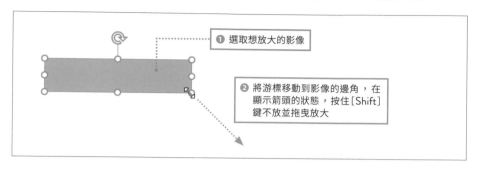

❶ 選取想放大的影像

❷ 將游標移動到影像的邊角，在顯示箭頭的狀態，按住 [Shift] 鍵不放並拖曳放大

縮放圖案時，若不想改變圖案的中心位置，請按住 [Shift] 鍵與 [Ctrl] 鍵並拖曳圖案。

設定數字調整影像大小

若想邊確認圖案與文字的比例，邊調整時，請使用工具列的「圖形格式」。

選取想改變大小的影像，在「格式」標籤的大小輸入數值

你也可以不用在尺寸欄位內輸入數值，而是按下數值旁邊的 [∧]、[∨]，慢慢調整大小。

使用文字方塊時，關閉「自動調整」

輸入文字的方法包括在圖案直接輸入文字，以及插入文字方塊再輸入文字。基本上，請直接在圖案內輸入文字，別使用文字方塊。這種方法不僅可以節省時間，也不用擔心因文字方塊的位置偏移，而影響一致性的問題。文字方塊在預設狀態並未勾選「不自動調整」。在「開啟自動調整」的狀態下，文字方塊會隨著文字量而改變大小，很難統一位置與尺寸。

沿用別人過去製作的資料時，若要編輯含有文字方塊的資料，請將文字方塊的設定改成「不自動調整」。

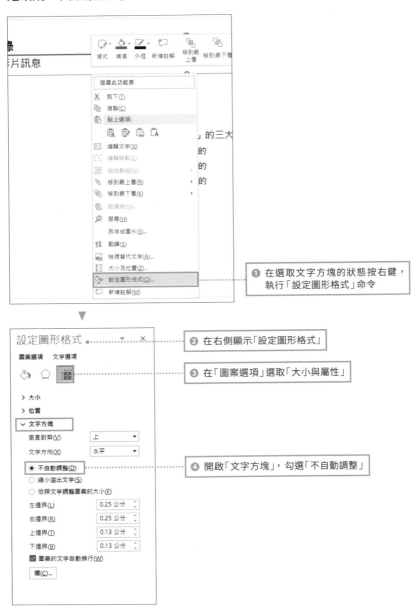

❶ 在選取文字方塊的狀態按右鍵，執行「設定圖形格式」命令

❷ 在右側顯示「設定圖形格式」

❸ 在「圖案選項」選取「大小與屬性」

❹ 開啟「文字方塊」，勾選「不自動調整」

利用複製貼上
聰明快速配置圖案

技巧等級 3
☺ ☺ ☺

複製圖案可以縮短時間
也能呈現一致性

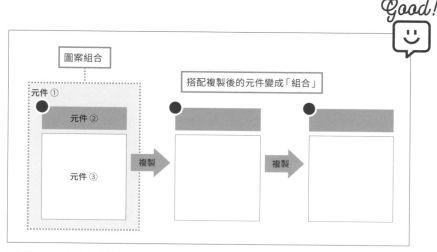

複製圖案「組合」可以快速製作出有一致性的投影片

製作圖案之前先尋找適合複製的元件

根據草稿製作投影片時，別貿然下手。最節省投影片製作時間的方法是在投影片中尋找相同圖案的「組合」。

假設要製作列舉型圖解的投影片，必須先準備小標題用的矩形、說明用的矩形、編號用的圓形等三個圖案。此時，請先製作這個三個圖案的組合，再按照元素的數量複製。

完成組合後再複製可以縮短製作時間，千萬別一個一個製作所有元件。

三個方便複製的快速鍵

提到複製圖案，可能有人會搭配使用複製（[Ctrl] + [C]）與貼上（[Ctrl] + [V]）兩個快速鍵。

其實在選取圖案的狀態，按住 [Ctrl] 鍵不放並拖曳，在想放置的位置放開，就可以複製圖案。

複製 (按住 [Ctrl] 鍵不放並拖曳)

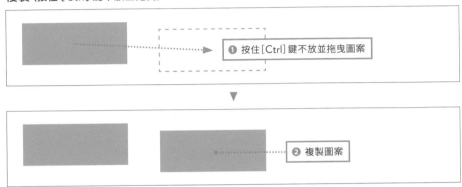

同時也請記住 [Ctrl] + [D] 快速鍵。這樣可以按照相同間隔配置複製後的圖案。假如要複製多個圖案，這個快速鍵可以省掉執行平均對齊的操作，比複製＆貼上快速。

重複複製 (複製後按 [Ctrl] + [D])

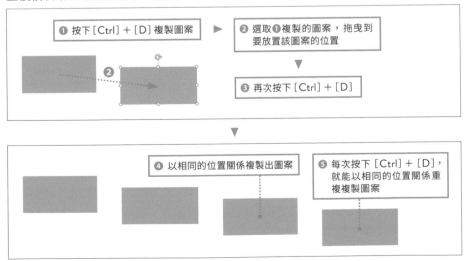

利用均分對齊
可以讓圖案整齊一致

技巧等級 2
☺ ☺ ☺

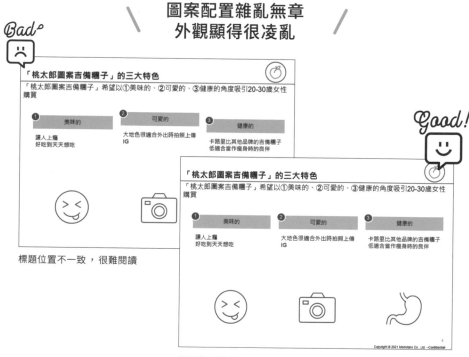

圖案配置雜亂無章
外觀顯得很凌亂

標題位置不一致，很難閱讀

標題位置整齊劃一

對齊圖案

有時在電腦畫面中，圖案似乎有對齊，但是簡報時，投影在大畫面上，卻發現圖案的位置不一致。圖案不整齊，就得花時間才能瞭解圖解的內容。使用「對齊圖案」功能可以調整圖案的位置。與用滑鼠移動圖案相比，對齊功能可以正確且快速地安排圖案的位置，所以圖解完成前，一定要仔細確認。

均分對齊圖案

均分對齊包括①水平均分與②垂直均分兩種。橫向排列的圖解可以使用水平均分對齊，而垂直排列的圖解則使用垂直均分對齊，非常方便。

水平均分

調整 B 的位置，以相同間隔對齊 ABC 的水平位置

垂直均分

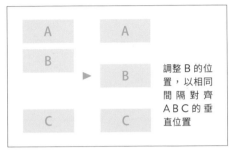

調整 B 的位置，以相同間隔對齊 ABC 的垂直位置

其他對齊方式

對齊圖案

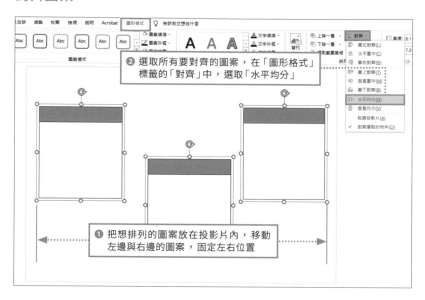

❷ 選取所有要對齊的圖案，在「圖形格式」標籤的「對齊」中，選取「水平均分」

❶ 把想排列的圖案放在投影片內，移動左邊與右邊的圖案，固定左右位置

兩邊的圖案請參考輔助線的位置排列。

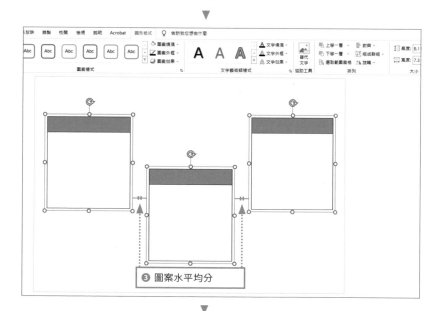

❸ 圖案水平均分

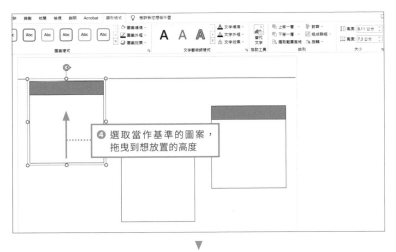

❹ 選取當作基準的圖案，
拖曳到想放置的高度

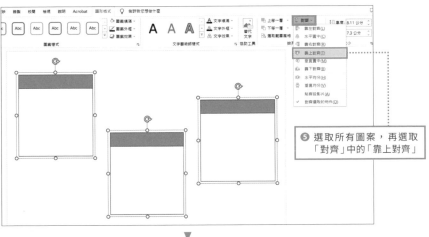

❺ 選取所有圖案，再選取
「對齊」中的「靠上對齊」

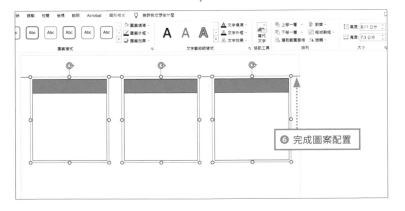

❻ 完成圖案配置

平行移動圖案
避免位移

技巧等級 1
☺ ☺ ☺

平行移動圖案

使用滑鼠移動圖案時，可能因為手震而不小心讓圖案的位置位移。此時，請善用快速鍵。快速鍵可以往水平或垂直方向平行移動圖案，省去調整位置的時間。

按住［Shift］鍵不放並拖曳

選取圖案後，按住［Shift］鍵不放並拖曳，可以平行移動圖案。這樣能往左右水平方向或上下垂直方向移動圖案。

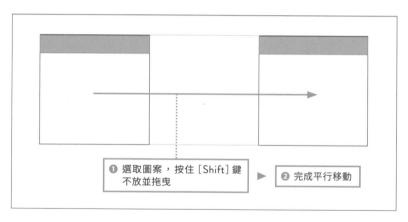

❶ 選取圖案，按住［Shift］鍵不放並拖曳　▶　❷ 完成平行移動

按住［Ctrl］＋［Shift］鍵不放並拖曳

按住這兩個鍵不放並拖曳，可以複製圖案。按住［Shift］鍵，圖案只會往水平或垂直方向移動。可以避免用滑鼠操作時，可能產生的些許位移。

往水平、垂直方向複製圖案（按住 [Ctrl]＋[Shift] 鍵不放並拖曳）

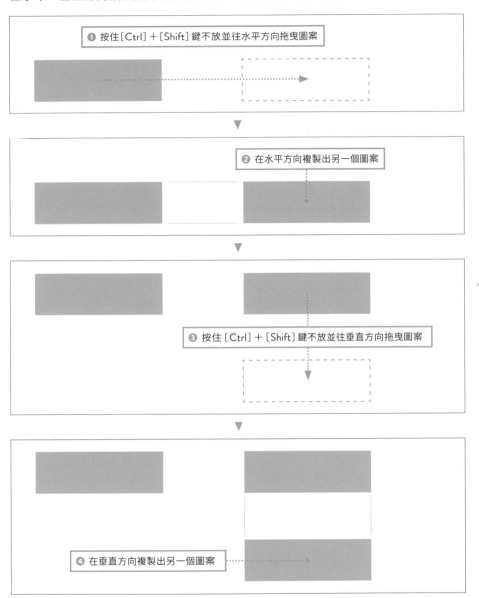

❶ 按住 [Ctrl]＋[Shift] 鍵不放並往水平方向拖曳圖案

❷ 在水平方向複製出另一個圖案

❸ 按住 [Ctrl]＋[Shift] 鍵不放並往垂直方向拖曳圖案

❹ 在垂直方向複製出另一個圖案

Column

繪製直線時也使用相同方法

製作圖解時，或製作圖表的小標題時，可能需要繪製直線來區別各個元素。❶ 在
「插入」標籤的「圖案」中選取「線條」，使用和平行移動圖案一樣的技巧，❷ 按住
[Shift] 鍵不放並畫線，就能畫出筆直的線條。

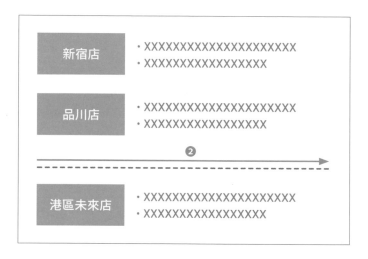

Column

[Shift] 鍵可以很方便地調整圖案之間的距離

製作列舉型圖解時，可能會出現元素之間的距離過寬的情況。按住 [Shift] 鍵不放
並按下方向鍵 [↑] 或 [→]，可以往上下或左右方向擴大圖案尺寸，縮小間隔（除了
已經組成群組的圖解）。反之，間隔過窄時，按下方向鍵 [↓] 或 [←]，可以縮小圖案。

使用色彩選擇工具套用
調色盤中沒有的顏色

技巧等級 3

☺ ☺ ☺

色彩選擇工具是複製顏色的功能

色彩選擇工具是可以從圖案或影像中，取樣並複製顏色的功能。使用色彩選擇工具功能，就不需要為了套用和企業 LOGO 或網站一樣的顏色而盯著調色盤，比對是否有些微色差。可以正確重現其他人建立的顏色，增加色彩選擇的廣度。

除了顏色之外，如果想複製包含文字的格式，請使用「複製格式」。

使用色彩選擇工具吸取圖案或影像中的顏色

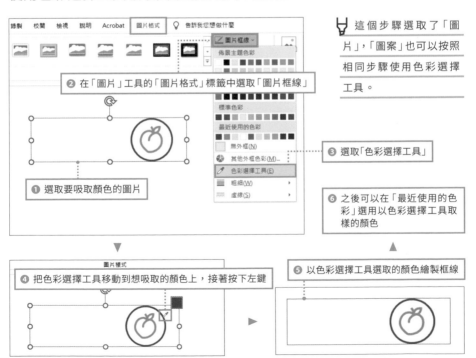

這個步驟選取了「圖片」，「圖案」也可以按照相同步驟使用色彩選擇工具。

❷ 在「圖片」工具的「圖片格式」標籤中選取「圖片框線」

❶ 選取要吸取顏色的圖片

❸ 選取「色彩選擇工具」

❻ 之後可以在「最近使用的色彩」選用以色彩選擇工具取樣的顏色

❹ 把色彩選擇工具移動到想吸取的顏色上，接著按下左鍵

❺ 以色彩選擇工具選取的顏色繪製框線

運用色彩深淺
表現資料的強弱

技巧等級 1

☺ ☺ ☺

根據圖解元素的關係
分別為圖案上色！

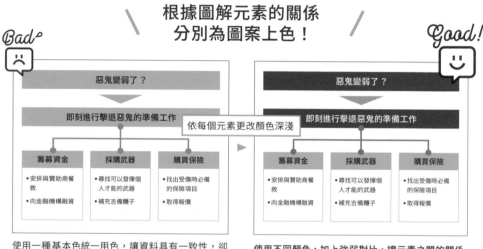

使用一種基本色統一用色，讓資料具有一致性，卻沒有強弱對比而難以瞭解元素之間的關係

使用不同顏色，加上強弱對比，讓元素之間的關係一目瞭然

依照用途及內容更改圖案的顏色

圖案的顏色請使用 P.022「用色為基本色與重點色兩種」設定的基本色。換句話說，以相同顏色填滿所有圖案時，會缺乏強弱對比，讓資料顯得呆板。設定圖案的顏色時，請遵守兩個規則。

1.「元素圖案」與「關聯性圖案」要分別上色

想在投影片內說明的內容會輸入在元素圖案內。元素圖案通常以矩形、箭號圖案、圓形製作而成，這些元素請使用基本色填色。

關聯性圖案是指代表元素關聯性的輔助圖案，以三角形、直線、折線製作而成。請用灰色上色，表示這些是輔助圖案。

如果沒有分別填色，觀看者很難判斷哪裡是說明內容。請一定要整理元素並分別填色。

2. 根據抽象度分別為圖案填色

使用列舉型圖解說明商品的三個特色時，可以在這三個元素上插入比較抽象的圖案來代表「新商品的特色」。倘若各個圖案內的內容抽象度不同，請將放在上方的圖案與具體說明內容的圖案分開填色，藉此表現出階層不同。

比較抽象的項目最好用深色填色。

利用調色盤改變顏色

請使用調色盤改變圖案的顏色。選取要更改顏色的圖案，按下右鍵，選取「圖案填滿」，就會顯示調色盤。此外，最近使用過的 10 種顏色會顯示在調色盤內的「最近使用的色彩」。使用這些顏色時，可以透過「最近使用的色彩」選取。

❷ 按右鍵，在「填滿」的調色盤中選取想設定的顏色

❶ 選取想更改顏色的圖案

𝒞𝑜𝑙𝑢𝑚𝑛

填滿圖案時要刪除框線

填滿圖案時，請刪除框線。填滿可以讓圖案的區域變明確，如果用框線包圍，反而不易辨識。此外，在圖案輸入說明時，基本上不要填滿背景。這是為了避免以灰階列印資料時輸出框線。

在圖案輸入「文字」

技巧等級 1

在圖案輸入文字

對齊了圖解用的圖案後，終於要輸入文字了。

輸入文字時，常會插入文字方塊，重疊在圖案上方，但是請別使用文字方塊，直接在圖案中輸入文字。此外，文字一定要使用條列式。輸入冗長的內容，就無法徹底發揮「以視覺化圖解傳達訊息」的優點了。

> 製作文字方塊，重疊在圖案上不僅麻煩，也可能需要調整文字的位置。直接在圖案中輸入文字，就可以省掉這些步驟。

> 一開始先完成圖解的基本圖案，最後再統一輸入文字。因為每製作一個圖案組合就輸入文字，接著再製作另外的圖案，需要花比較多的力氣與時間做調整。

利用 [F2] 鍵可以快速輸入文字

選取圖案後，按下 [F2] 鍵，會變成可以輸入文字的編輯模式。按下 [Esc] 鍵，就能從編輯模式恢復成選取圖案的狀態。

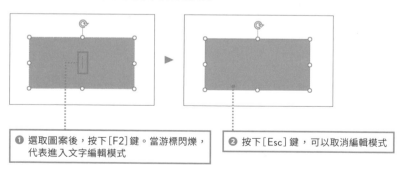

❶ 選取圖案後，按下 [F2] 鍵。當游標閃爍，代表進入文字編輯模式

❷ 按下 [Esc] 鍵，可以取消編輯模式

確保文字的輸入空間

有時輸入的文字量無法完整放進圖案的空白內。請調整圖案的留白,以確保輸入文字的空間。

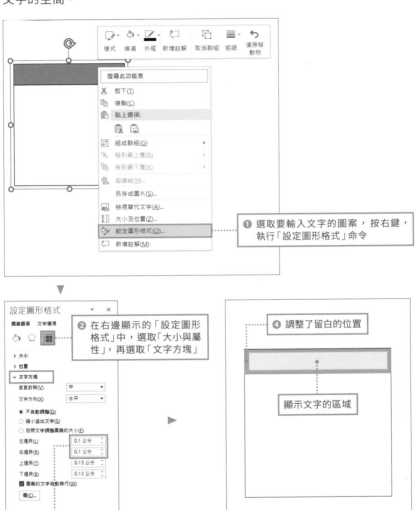

❶ 選取要輸入文字的圖案,按右鍵,執行「設定圖形格式」命令

❷ 在右邊顯示的「設定圖形格式」中,選取「大小與屬性」,再選取「文字方塊」

❸ 把左邊界與右邊界的數字調整成「0.1公分」

❹ 調整了留白的位置

顯示文字的區域

在圖案分配「元素編號」

技巧等級 2

☺ ☺ ☺

在圖案插入編號

根據圖解的目的及狀況運用編號，可以提升圖解的易讀性。尤其是簡報資料，加上編號之後，除了方便簡報說明，當對方提出問題時也比較容易溝通。以下將介紹有效運用編號的方法。

有效運用編號的方法

① 提高標題與訊息的整合性

假設投影片訊息為「三個優點」，在說明這些優點的內容中，使用編號比較容易掌握各個對應關係。

② 顯示正確的順序

假如有步驟或順序時，依循編號順序比較容易瞭解說明。這種方法常用在流程型圖解。

③ 顯示資料的全貌

先提供編號可以立刻掌握整體有「多少」內容，製作出容易傳遞訊息的資料。

相同的概念也可以套用在代表小標題觀點的詞句上。這樣可以維持第 1 章 P.077 說明過的 MECE 感，避免看起來只是列出一堆小標題。由於抽象度不同，所以分成不同圖案。

插入編號的方法

插入編號時，請準備圓形圖案，並在裡面輸入數值。雖然也可以在項目名稱開頭輸入數字，但是使用其他圖案製作，可以在視覺上區分資料。

利用圓形製作編號

請使用正圓形。正圓形的畫法是，從圖案中選取圓形後，按住 [Shift] 鍵不放並畫出圓形。

一般而言，輸入了編號的圓形會放在小標題的左上方。依照我們的視線移動習慣，從左到右，或以 Z 字型排版。輸入的數字別忘了要垂直、水平置中對齊。

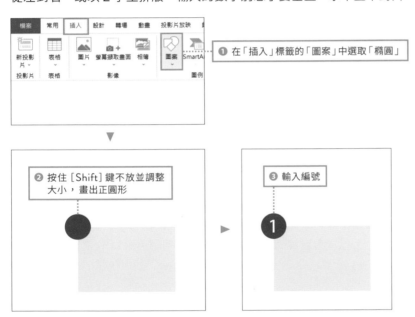

利用「預設圖案」
自動套用格式

技巧等級 3
☺☺☺

將圖案格式化

每次製作新的圖案，調整文字的字型種類、大小、背景顏色等，非常浪費時間。多人共同製作一份資料時，設定的格式若不一樣，會缺乏一致性。製作資料時，請先根據公司或團隊的共同準則，準備套用了標準格式的圖案。設定「預設圖案」之後，製作新圖案時，就會自動套用該設定。可以設定為「預設圖案」的是「圖案」、「線條」、「文字方塊」等三種。

🖊 「預設圖案」、「預設線條」、「預設文字方塊」必須個別設定，請在「預設圖案」中，將字型大小設定為 16pt，在「預設文字方塊」中，字型大小設定為 14pt，分別設定當作基準的格式。「預設圖案」無法設定兩種類型，請先設定成你最常用的樣式。

設定「預設圖案」

製作資料之前，先按照公司的準則，製作符合規定的圖案。此時，請參考第 1～3 章說明的「圖案填色」、「有無框線」、「留白」、「文字顏色」、「文字大小」、「字型」設定圖案的格式。

🖊 預設圖案無法取消。假如要恢復原狀，請重新製作原始圖案與相同格式的圖案，再用該圖案覆蓋預設圖案。

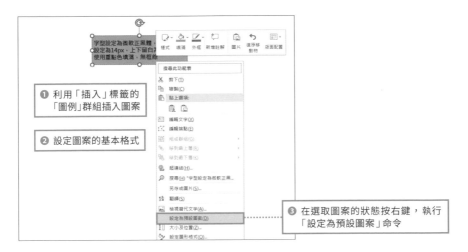

❶ 利用「插入」標籤的「圖例」群組插入圖案

❷ 設定圖案的基本格式

❸ 在選取圖案的狀態按右鍵，執行「設定為預設圖案」命令

🖋 這裡設定了微軟正黑體、字型大小為 14px，上下留白 0.1cm，以淺色的重點色填滿，無框線。

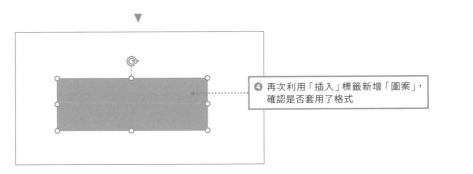

❹ 再次利用「插入」標籤新增「圖案」，確認是否套用了格式

🖋 利用相同步驟可以設定「預設線條」、「預設文字方塊」。

🖋 在「預設圖案」設定的格式也會自動套用在橢圓形或三角形等其他圖案。

強調
重要部分

技巧等級 2
☺ ☺ ☺

把所有資料列在一起
很難瞭解哪些比較重要

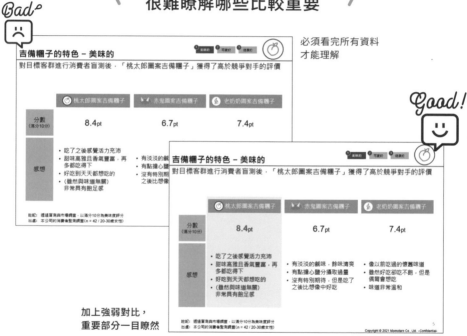

必須看完所有資料
才能理解

加上強弱對比，
重要部分一目瞭然

使用強調效果的目的是為了引導視線

強調效果是為了將對方的視線引導至投影片中的重要部分。透過強調效果，觀看者不用看完投影片上的所有資料，一眼就能瞭解重要的訊息。圖解可以使用的強調方法包括①強調文字、②強調圖案、③強調背景色等三種。

關鍵字要使用「強調文字」

強調文字的方法是把關鍵字設定為強調色，並使用粗體。即使遇到文字較多的情況，也能輕易看到想強調的文字，不會被埋沒。

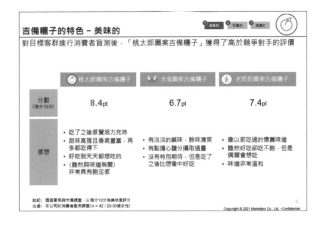

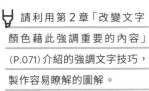

請利用第 2 章「改變文字顏色藉此強調重要的內容」(P.071)介紹的強調文字技巧，製作容易瞭解的圖解。

小標題的內容要使用「強調圖案」

如果要強調小標題的內容，請將圖案的顏色設定成較深的基本色或重點色。比起強調文字，強調圖案的區域較大，能更直接了當地傳遞訊息。

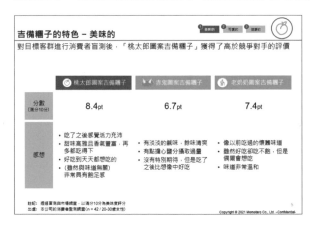

強調範圍要使用「強調背景色」

假如想強調多個圖案或較大的區域，可以使用強調範圍的方法。請利用重點色設定你想強調的範圍。作法是建立以淺色填滿的矩形並放在最底層。

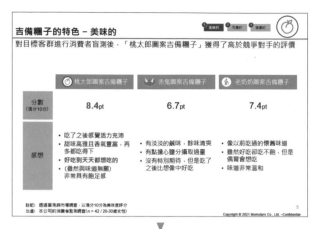

① 在想強調的範圍插入矩形，以淺色填滿，框線設定為「無」

② 選取要強調的矩形按右鍵，執行「移到最下層」命令

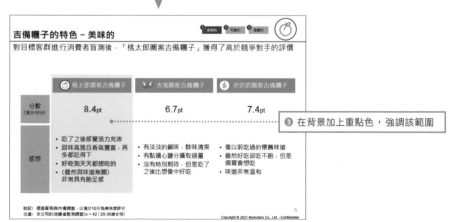

③ 在背景加上重點色，強調該範圍

潛 規 則

26

將圖解組成群組
並進行最後調整

技巧等級 1

☺ ☺ ☺

為了增加資料而縮小內容
反而破壞了版面

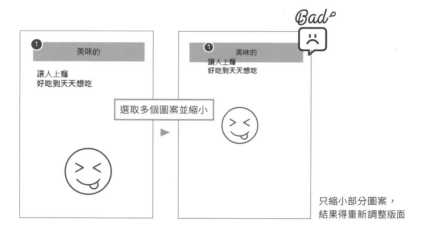

只縮小部分圖案，
結果得重新調整版面

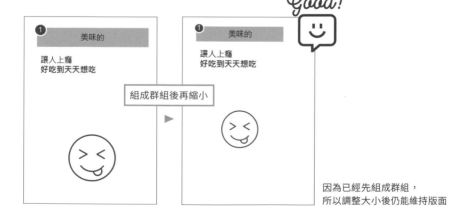

因為已經先組成群組，
所以調整大小後仍能維持版面

將多個圖案組成「群組」

編排圖案之後，開始輸入文字時，可能出現資料量太多，空間不夠而必須調整版面的情況。如果要逐一調整圖案大小及位置會非常麻煩。

此時，務必將圖案組成群組。組成群組可以把多個圖案當作一個圖案處理。組成群組之後，能在維持相對位置及大小的狀態下縮放或移動圖案，不會影響版面。

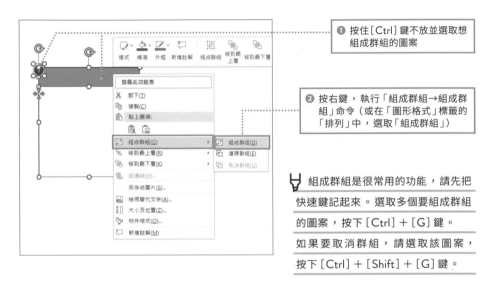

❶ 按住 [Ctrl] 鍵不放並選取想組成群組的圖案

❷ 按右鍵，執行「組成群組→組成群組」命令（或在「圖形格式」標籤的「排列」中，選取「組成群組」）

組成群組是很常用的功能，請先把快速鍵記起來。選取多個要組成群組的圖案，按下 [Ctrl] + [G] 鍵。如果要取消群組，請選取該圖案，按下 [Ctrl] + [Shift] + [G] 鍵。

組成群組是可以輕鬆調整版面的功能，但是要注意長寬比。如果將正圓形或影像一起組成群組，縮放時會改變長寬比而變得很奇怪。因此組成群組時，請避免選取必須維持長寬比的圖案或影像。

第 **4** 章

資料的呈現方法也有潛規則

＼ 使用表格與圖表 ／
將資料視覺化的規則

使用 PowerPoint 製作業績報表、市占率、
與其他公司的商品比較等資料時，
表格與圖表是絕對會用到的重要功能。
這一章將介紹以適當型態呈現資料的技巧。

整理資料的好幫手
三種表格

製作資料時,通常需要同時處理各種資料。
請學習表格的呈現方法,並整理必要的資料。

表格可以整理、傳達資料

要製作出說服別人的資料,就得適當提供對方所需的內容。一旦資料過多,將很難把每一個內容都傳遞出去,請用心把資料放進表格內,製作出讓人一看就懂的投影片。表格和圖解一樣,可以利用強調技巧或加上「○」、「△」、「×」等評價,突顯想傳遞的資料。

請使用強調效果或評價,聚焦在你想傳遞的重點上!

商用資料使用的三種表格

表格有三種,第一種是處理收入或支出等數值資料的**資料表(表格)**。這種表格是用 Excel 函數計算整理,可以直接把 Excel 建立的表格貼在投影片上。

第二種是分類、整理比較對象的**關聯表(矩陣)**。這是以二維表格呈現蒐集到的資料,可以同時使用 定量資料與定性資料,製作資料時,是非常重要的功能。

第三種是確認時間表的**線條表(甘特圖)**。在事先製作的行事曆中,利用箭頭或填滿效果整理時間表,藉此管理進度。

定量資料與定性資料

定量資料是指可以數值化的資料,定性資料是無法數值化的資料。

資料表 (表格)：讓數值資料一目瞭然

	新宿店	池袋店	澀谷店
營業額 (千元)	15,000	12,000	16,000
去年同期比 (%)	12.0	8.0	10.0

關聯表 (矩陣)：可以同時處理數值化資料及非數值化資料

	A 店	B 店	C 店
價格	800 元	1,200 元	1,000 元
類別	中式	義式	日式
其他	免費加大	附咖啡	可選擇小碗

線條表 (甘特圖)：整合工作與時間表

	4 月	5 月	6 月	7 月
接單				
製造				
檢查				
出貨				

Column

關聯表 (矩陣) 的列與欄要輸入什麼內容？

製作表格時，通常會在第一列輸入想比較的對象 (A 店、B 店、C 店)，在第一欄輸入分類項目 (價格、類別、其他)，如上面的關聯表所示。此外，使用不同顏色填滿想突顯的比較對象，如 C 店，就能強調與其他資料的差異。

如果把第一列與第一行的項目對調，讓比較對象上下排列時，可能讓觀看者誤以為放在比較上面的對象較為優秀。

Bad

	價格	類別	其他
A 店	800 元	中式	免費加大
B 店	1,200 元	義式	附咖啡
C 店	1,000 元	日式	可選擇小碗

明明希望對方注意 C 店，卻給人 A 店比較好的印象

別使用
預設的表格樣式

技巧等級 3
☺ ☺ ☺

不要直接使用不易辨識資料的
預設表格樣式！

Bad°
☹

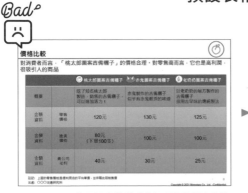

PowerPoint 的預設表格樣式會把所有的儲存格填上顏色，很難強調重要的資料

Good!
☺

完成簡單明瞭的表格！

清除表格樣式再使用

在 PowerPoint 選取「插入」標籤的「表格」，插入表格之後，會套用預設的表格樣式。雖然可以直接使用，但是儲存格的資料愈多，內容會愈難辨識。清除表格樣式，只在必要的位置填色，可以製作出簡單易懂的表格。

清除已經建立的表格樣式

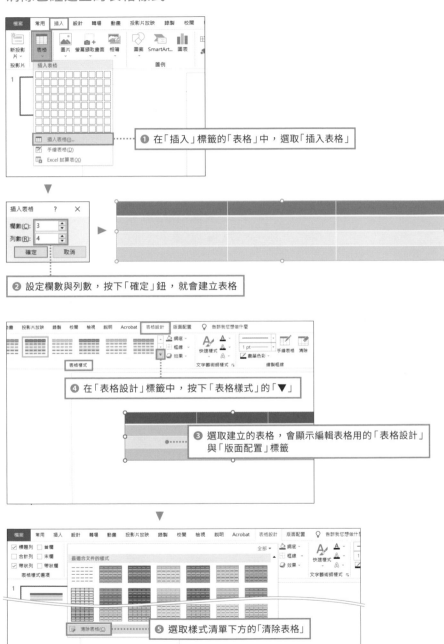

❶ 在「插入」標籤的「表格」中，選取「插入表格」

❷ 設定欄數與列數，按下「確定」鈕，就會建立表格

❹ 在「表格設計」標籤中，按下「表格樣式」的「▼」

❸ 選取建立的表格，會顯示編輯表格用的「表格設計」與「版面配置」標籤

❺ 選取樣式清單下方的「清除表格」

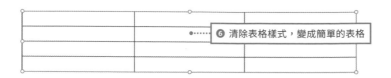

⑥ 清除表格樣式，變成簡單的表格

「清除表格」後，出現只有框線的簡單表格。這樣不易辨識內容，請在第一列與第一欄填上基本色。

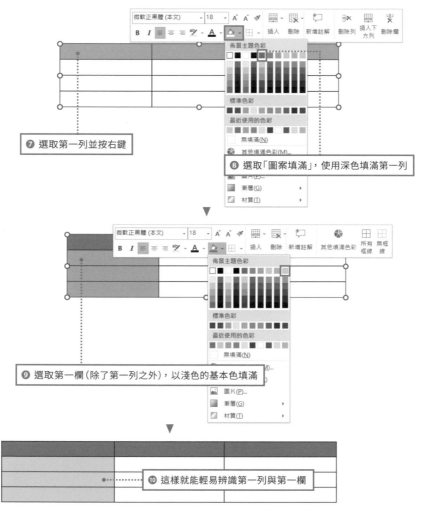

⑦ 選取第一列並按右鍵

⑧ 選取「圖案填滿」，使用深色填滿第一列

⑨ 選取第一欄（除了第一列之外），以淺色的基本色填滿

⑩ 這樣就能輕易辨識第一列與第一欄

第一列使用深色填滿，第一欄使用淺色填滿。

設定格式

輸入文字之前,請先設定表格的格式。

第一列與第一欄「置中對齊」,讓文字顯示在儲存格的中央。此外,整個表格套用「中」,讓上下寬度一致。

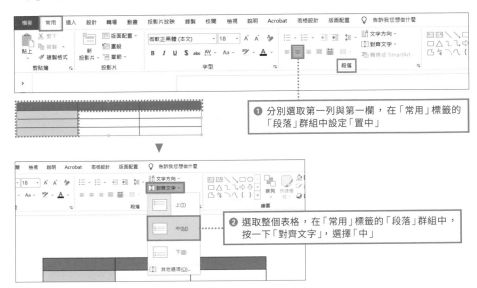

● 分別選取第一列與第一欄,在「常用」標籤的「段落」群組中設定「置中」

❷ 選取整個表格,在「常用」標籤的「段落」群組中,按一下「對齊文字」,選擇「中」

基本上,除第一列與第一欄之外,其餘儲存格要以條列式輸入內容,因此請先設定條列式的樣式。

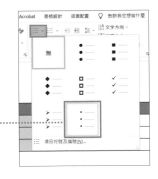

❸ 選取第一列與第一欄以外的部分,在「常用」標籤的「段落」群組中設定「項目符號」

輸入文字

設定完畢後,請輸入文字,完成表格。

	A 公司	B 公司	C 公司
品質	・XXXXXXXX ・XXXXXXXX	・XXXXXXXX ・XXXXXXXXXX	・XXXXXXX ・XXXXX
價格	○○元	○○元	○○元
交期	△月△日	△月△日	△月△日

儲存格的內容如果只有數字或單字,請使用置中對齊,別使用項目符號。

利用合併儲存格
整理重複的項目

技巧等級 1

☺ ☺ ☺

合併相同內容的儲存格，
讓資料變簡潔

Bad! ☹   *Good!* ☺

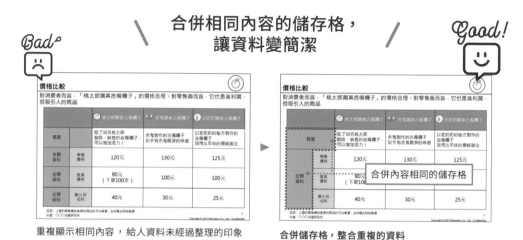

重複顯示相同內容，給人資料未經過整理的印象　　　合併儲存格，整合重複的資料

合併儲存格整理資料

資料過多，元素（儲存格）就會
增加，使得表格很難看懂。
第一列或第一欄的儲存格內
容重複時，請合併成一個。

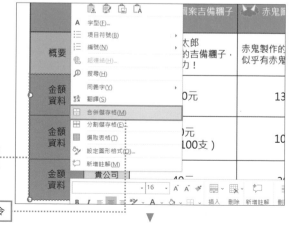

❶ 選取多個要合併的儲存格

❷ 按右鍵執行「合併儲存格」命令

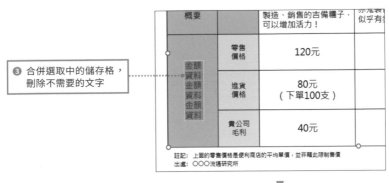

❸ 合併選取中的儲存格，刪除不需要的文字

概要		製造、銷售的吉備糰子，可以增加活力！	亦允表似乎有
金額資料 金額資料 金額資料 金額資料	零售價格	120元	
	進貨價格	80元 （下單100支）	
	貴公司毛利	40元	

註記：上面的零售價格是便利商店的平均單價，並非藉此限制售價
出處：○○○流通研究所

▼

❹ 整理了第一欄的資料

概要		製造、銷售的吉備糰子，可以增加活力！	亦允表似乎有
金額資料	零售價格	120元	
	進貨價格	80元 （下單100支）	
	貴公司毛利	40元	

註記：上面的零售價格是便利商店的平均單價，並非藉此限制售價
出處：○○○流通研究所

▼

❺ 同樣合併整理上面的「概要」儲存格

Column

無重複儲存格時的資料整合方法

儲存格的數量（資料量）多，沒有重複的內容時，在儲存格之間增加共同元素，也能把資料整理得簡單明瞭。

門市名稱	營業額
新宿店	400,000 元
有樂町店	350,000 元
品川店	370,000 元
澀谷店	450,000 元
川崎店	350,000 元
橫濱店	420,000 元
平塚店	320,000 元

▶

都道府縣	門市名稱	營業額
東京都	新宿店	400,000 元
	有樂町店	350,000 元
	品川店	370,000 元
	澀谷店	450,000 元
神奈川縣	川崎店	350,000 元
	橫濱店	420,000 元
	平塚店	320,000 元

增加整合門市名稱的儲存格，如「東京都」、「神奈川縣」，讓資料變得更清楚

潛規則

29

調整第一列與第一欄的大小讓內容變醒目

技巧等級 1

☺ ☺ ☺

每個儲存格的大小都一樣，缺乏強弱對比，不利閱讀

Bad 😞

Good! 😊

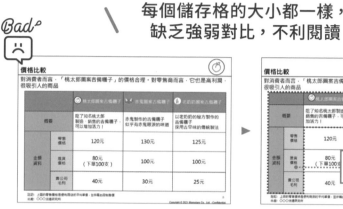

由於所有儲存格的高度與寬度都一樣，文字量多的主要儲存格變得不易閱讀

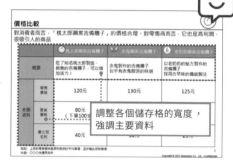

調整各個儲存格的寬度，強調主要資料

依照表格的文字量改變儲存格的高度與寬度

必須遵守第一列與第一欄較窄的原則

表格由兩個元素構成，包括輸入比較對象與比較項目的第一列、第一欄儲存格，以及含有內容的儲存格。

內容儲存格是輸入最想傳遞給觀看者的資料。製作表格時，縮小第一列與第一欄，讓內容儲存格維持容易閱讀的大小。

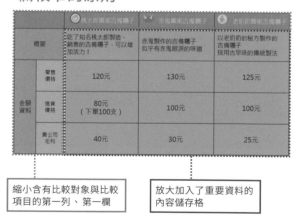

縮小含有比較對象與比較項目的第一列、第一欄

放大加入了重要資料的內容儲存格

▼

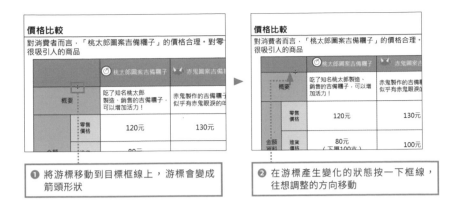

① 將游標移動到目標框線上，游標會變成
箭頭形狀

② 在游標產生變化的狀態按一下框線，
往想調整的方向移動

內容儲存格的高度與寬度均等對齊

調整第一列與第一欄的寬度及高度時，內容部分的儲存格大小可能變得不一致。
除非儲存格的文字量差異較大，否則請將內容儲存格的高度及寬度變均等。
使用「平均分配列高」與「平均分配欄寬」功能，可以讓表格整齊一致。

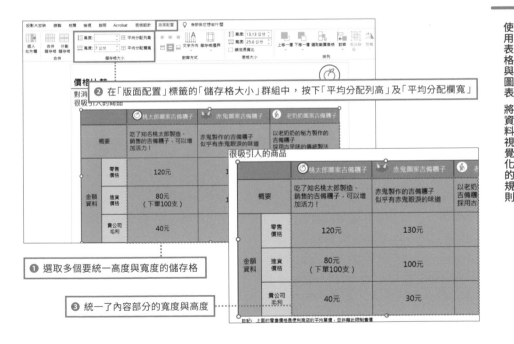

② 在「版面配置」標籤的「儲存格大小」群組中，按下「平均分配列高」及「平均分配欄寬」

① 選取多個要統一高度與寬度的儲存格

③ 統一了內容部分的寬度與高度

改變框線
呈現表格的強調效果

技巧等級 2
☺ ☺ ☺

自家商品被淹沒在表格中…
希望可以更醒目一點！

Bad ☹

沒有使用強調效果，不曉得該看哪裡

Good! ☺

利用強調文字與強調框線，可以突顯必須注意的位置

重要的資料要使用強調效果

表格是可以妥善整理資料的有效方法，但是沒有經過調整，無法讓觀看者瞭解該注意哪個部分。請設定強調效果，讓觀看者知道哪個部分是你想傳達的重點。和第 3 章介紹的圖解強調效果一樣（P.128），表格也可以設定強調效果。表格能使用的強調效果包括強調文字與強調框線等兩種。

在表格內增加強調表現

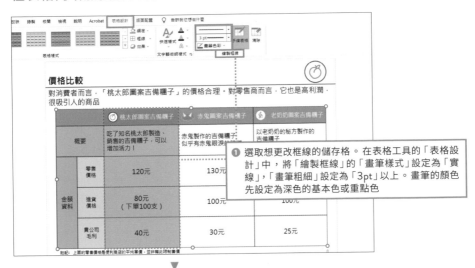

① 選取想更改框線的儲存格。在表格工具的「表格設計」中,將「繪製框線」的「畫筆樣式」設定為「實線」,「畫筆粗細」設定為「3pt」以上。畫筆的顏色先設定為深色的基本色或重點色

② 在「表格樣式」的「框線」中,選取「外框線」

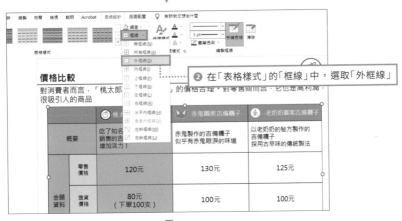

③ 在框線部分加上了強調效果

將表格內想強調的文字設定為「粗體」+「基本色」或「重點色」,就能讓觀看者立即掌握重點內容。

Column

避免使用筆型游標

在「表格設計」標籤的「繪製框線」中，選取「手繪表格」，游標會變成筆型，可以更直覺地調整框線。可是利用筆型游標調整框線可能會讓框線位移，必須反覆調整，因此不建議這麼做。如果要提高工作效率，請依照 P.145 的說明，選取「框線」中的「外框」進行調整。

Column

該如何處理表格左上方的儲存格？

一般而言，表格左上方第一列與第一欄的儲存格沒有重要的資料。不含資料的儲存格不需要保留，請把儲存格的顏色與框線變透明。

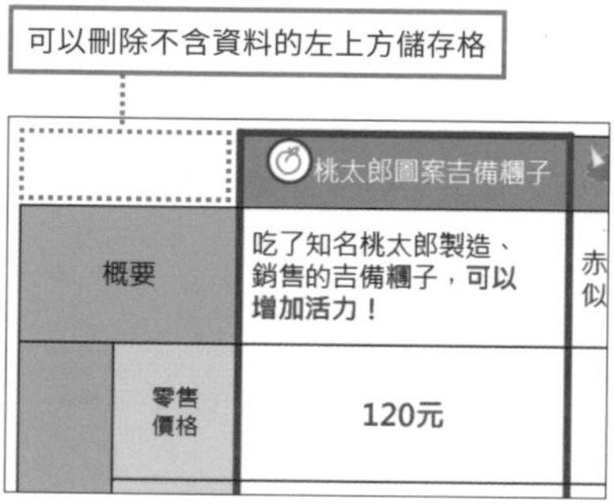

可以刪除不含資料的左上方儲存格

	🔵 桃太郎圖案吉備糰子	▶
概要	吃了知名桃太郎製造、銷售的吉備糰子，可以增加活力！	赤似
零售價格	120元	

增加評論
建立一目瞭然的表格

技巧等級 3
☺ ☺ ☺

希望製作出一看就知道
哪項商品比較優秀的表格

Bad ☹

Good! ☺

必須瀏覽內容才能瞭解推薦的商品

加上評價

直覺瞭解哪項商品比較優秀

加入評價，製作出讓人能直覺瞭解的資料

想製作出可以「說服對方」，讓對方下決定的資料，最重要的就是讓你的意圖一目瞭然。加入評價，即使不用仔細閱讀表格內的文字，對方也可以大致瞭解內容。

加入〇△✕ 評價

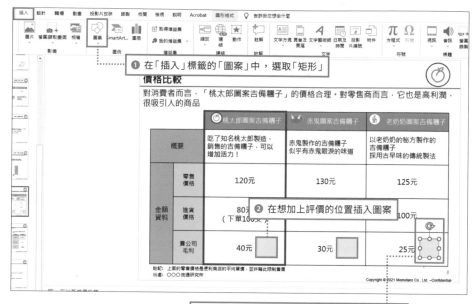

❶ 在「插入」標籤的「圖案」中，選取「矩形」

❷ 在想加上評價的位置插入圖案

❸ 複製❷插入的圖案，並放在想增加評價的位置

❹ 選取所有圖案，在繪圖工具的「圖形格式」標籤中，選取「對齊」。選取「垂直置中」與「水平均分」，對齊圖案的位置

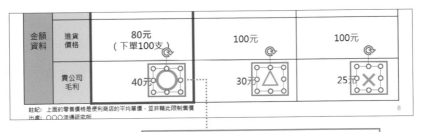

金額資料	進貨價格	80元 （下單100支）	100元	100元
	貴公司毛利	40元	30元	25元

註記：上面的零售價格是便利商店的平均單價，並非藉此限制售價
出處：○○○流通研究所

④ 在各個圖案輸入文字（○/△/× 等），加上評價

▼

⑤ 選取所有圖案按右鍵，設定「無填滿」、「無外框」並「移到最下層」

💡 以文字輸入評價○/△/×，可以快速統一大小。這裡的評價文字使用的格式是「微軟正黑體」、「54pt」、「粗體」。選取其中一個圖案，設定格式之後，按下 [Ctrl] + [Shift] + [C] 複製格式，再利用 [Ctrl] + [Shift] + [V] 把格式貼至其他兩個圖案，可以節省時間。

💡 評價文字○/△/× 可以套用基本色與重點色，在視覺上製造差異。這次在○設定了深色的基本色。

評價的種類

評價可以使用的符號不只有「○△×」。使用「○△×」的評價看起來比較不正式，請根據資料分別使用「高低」或「大小」。

如果要顯示專案的進度或狀態，也可以使用晴天、雨天等天氣圖，或紅綠燈等交通號誌。

種類		範例		
	○×	×	△	○
	高低	低	中	高
	大小	小	中	大
	數字	1	2	3

解說

可以立即讓對方
看懂資料的圖表

圖表適合用來掌握資料的大方向。
一起來學習可以清楚傳達訊息的圖表製作規則。

使用圖表將資料視覺化

如果要製作具有說服力的投影片訊息,「比較」是很重要的關鍵。例如「新宿門市的營業額是全國平均的兩倍以上」會比「新宿門市的營業額非常高」更具體。

請使用圖表呈現投影片中與數字有關的資料。一般人並不擅長一次接收大量數值,利用圖表可以讓對方輕易解讀資料。

✏️ 學會挑選適合資料的圖表及呈現方法,是讓資料一看就懂的捷徑。

圖表化的優點

除了圖表之外,也可以使用表格呈現資料。但是表格無法讓人立即瞭解資料的最大值或趨勢。然而,圖表卻能讓人一眼掌握資料的重點。使用圖表的優點是「能立即讓對方瞭解資料的概要」。

利用表格呈現資料

	2011年	2012年	2013年	2014年	2015年	2016年	2017年	2018年	2019年	2020年
桃太郎股份有限公司營業額(億元)	2.0	2.4	3.0	4.0	4.1	5.9	6.3	6.5	7.1	7.8

表格必須依序比較資料,否則無法掌握趨勢

使用了圖表的資料呈現方式

Good! ☺

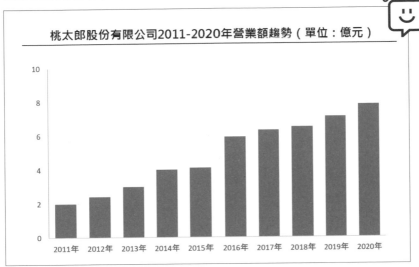

桃太郎股份有限公司2011-2020年營業額趨勢（單位：億元）

即使資料一樣，使用圖表能一眼掌握趨勢

Column

圖表化的缺點

圖表也有不擅長的部分，就是呈現詳細的內容。例如，在上面的圖表中，比較 2014 年與 2015 年的營業額時，檢視圖表，很難判斷哪一年的數字比較大。然而，檢視表格，就能透過數字掌握 2014 年與 2015 年的營業額差異。圖表是一種可以輕易瞭解資料的表現方法，但是在特定的情況下，列出數值資料的表格反而比較容易解讀。請掌握圖表的優缺點，依照目的選擇適合的呈現方式。

最適合比較資料的
長條圖

技巧等級 1

☺ ☺ ☺

比較項目或時間序列的長條圖

長條圖適合用在「比較項目」或「比較時間序列」。

「比較項目」是在相同時間或期間內，比較不同項目。例如，適合以下比較「商品卡路里」及「三家公司營業額」的情況。

「比較時間序列」是指檢視每個時間序列的相同項目變化，P.151「桃太郎股份有限公司的營業額趨勢」可以呈現資料隨著時間變化的狀態。

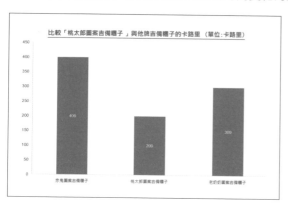

直條圖的製作方法

接著請實際建立直條圖。依照以下步驟可以建立直條圖。

❶ 在「插入」標籤的「圖例」群組中，選取「圖表」

▼

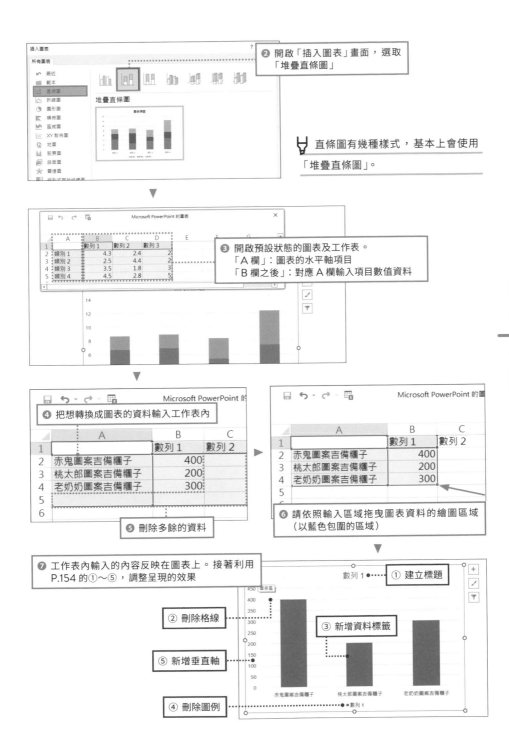

② 開啟「插入圖表」畫面，選取「堆疊直條圖」

💡 直條圖有幾種樣式，基本上會使用「堆疊直條圖」。

③ 開啟預設狀態的圖表及工作表。
「A 欄」：圖表的水平軸項目
「B 欄之後」：對應 A 欄輸入項目數值資料

④ 把想轉換成圖表的資料輸入工作表內

⑤ 刪除多餘的資料

⑥ 請依照輸入區域拖曳圖表資料的繪圖區域（以藍色包圍的區域）

⑦ 工作表內輸入的內容反映在圖表上。接著利用 P.154 的①～⑤，調整呈現的效果

數列 1
① 建立標題
② 刪除格線
③ 新增資料標籤
⑤ 新增垂直軸
④ 刪除圖例

調整圖表呈現的效果

針對完成的圖表，加上一些巧思，可以製作出更容易瞭解的圖表。

① 建立標題

依照每個預設文字的標題，插入圖案，建立新標題。在圖案輸入標題，可以隨意調整位置與大小。標題後面請輸入該圖表使用的單位。

② 刪除格線

請刪除格線，讓圖表看起來比較簡潔。

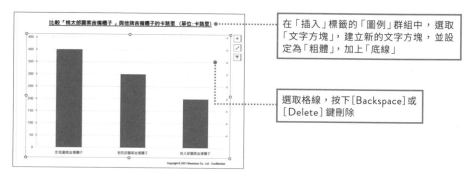

在「插入」標籤的「圖例」群組中，選取「文字方塊」，建立新的文字方塊，並設定為「粗體」，加上「底線」

選取格線，按下[Backspace]或[Delete]鍵刪除

③ 新增資料標籤

請加上代表定量資料的資料標籤。

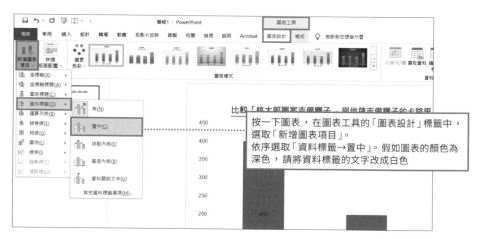

按一下圖表，在圖表工具的「圖表設計」標籤中，選取「新增圖表項目」。
依序選取「資料標籤→置中」。假如圖表的顏色為深色，請將資料標籤的文字改成白色

④ **刪除圖例**

請按下 [Backspace] 或 [Delete] 鍵刪除多餘的圖例。

 把所有說明圖表的必要資料都記載在圖表標題，可以完成簡潔的圖表。

⑤ **新增垂直軸**

請調整垂直軸，讓圖表變得更方便
解讀。

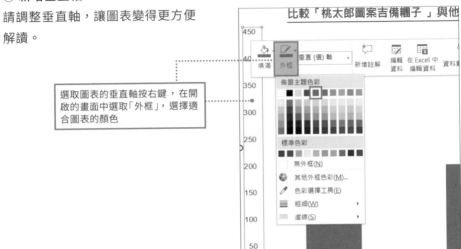

選取圖表的垂直軸按右鍵，在開
啟的畫面中選取「外框」，選擇適
合圖表的顏色

修改完這五點之後，就完成以下的圖表。

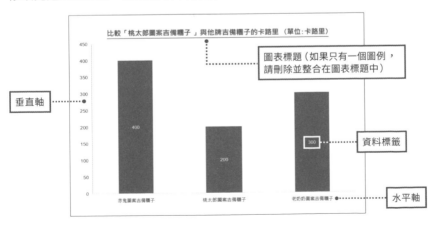

 製作圖表時，別忘了在投影片的左下方加上原始資料的出處。

結構比例一目瞭然的
圓形圖

技巧等級 1

☺ ☺ ☺

圓形圖可以比較構成元素

圓形圖適合「比較構成元素」。假設「公司商品的營業額分析」整體為100%，圓形圖可以顯示每個元素占整體的比例。

> 圓形圖的特色是，一旦項目數量過多，就不易辨識。因此項目數量最多別超過五個。遇到項目數量較多的情況，可以將比例較少的項目整合成「其他」。

圓形圖的製作方法

基本上，除了「插入圖表」不同之外，其他與直條圖的說明內容幾乎一樣。

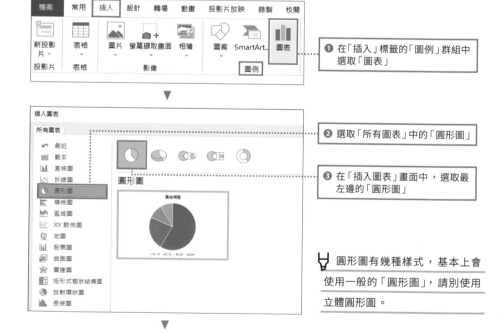

❶ 在「插入」標籤的「圖例」群組中選取「圖表」

❷ 選取「所有圖表」中的「圓形圖」

❸ 在「插入圖表」畫面中，選取最左邊的「圓形圖」

> 圓形圖有幾種樣式，基本上會使用一般的「圓形圖」，請別使用立體圓形圖。

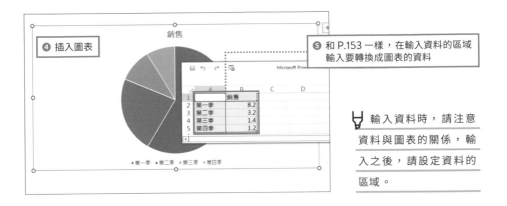

④ 插入圖表

⑤ 和 P.153 一樣，在輸入資料的區域輸入要轉換成圖表的資料

輸入資料時，請注意資料與圖表的關係，輸入之後，請設定資料的區域。

調整圖表的呈現效果

和直條圖一樣，針對剛才建立的圖表，加上一些巧思，可以製作出更容易瞭解的圖表。

① 建立標題

依照每個預設文字的標題，插入圖案，建立新標題。在圖案輸入標題，可以任意調整位置與大小。在標題後面請輸入該圖表使用的單位。

② 新增資料標籤

請加上代表定量資料的資料標籤。

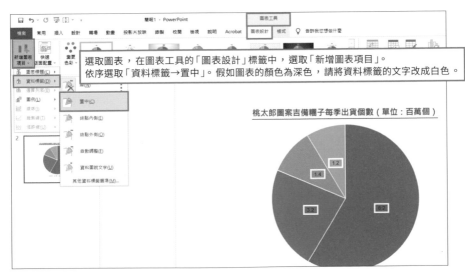

選取圖表，在圖表工具的「圖表設計」標籤中，選取「新增圖表項目」。
依序選取「資料標籤→置中」。假如圖表的顏色為深色，請將資料標籤的文字改成白色。

③ 製作圖例

請刪除預設的圖例，利用「插入圖案」重新製作新的圖例。

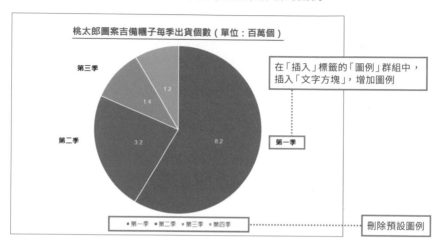

調整後的圖表如下所示。除了以具體數值顯示資料標籤之外，加入合計為100%的結構比例，可以讓人更容易瞭解，如下圖所示。

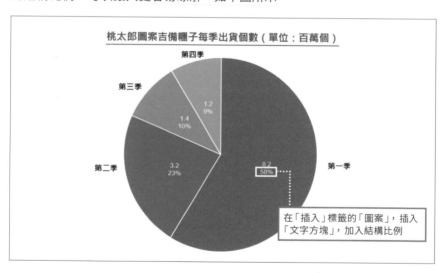

為了提升圖表的易讀性，請依照具體數值選擇結構比例的顯示格式，並放在靠近數值的位置。

Column

為什麼要重新製作圖例？

P.158 的圓形圖刪除了預設圖例再重新製作。只要是圖表內的圖例，請另外插入文字方塊（P.155 的直條圖只有一個圖例，所以整合在圖表標題內。假如有多個圖例，請按照相同方法重新製作）。

為什麼要重新製作？因為預設的圖例與圖表分離，很難立即判斷圖表的元素代表哪項資料。

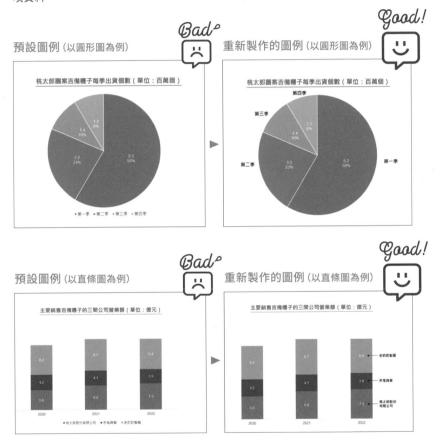

解說

改變資料的排列順序 藉此傳達意圖

調整圖表的排列順序,
可以製作出極為容易瞭解的圖表。

依照遞減或時間序列排序資料 是讓圖表一看就懂的關鍵

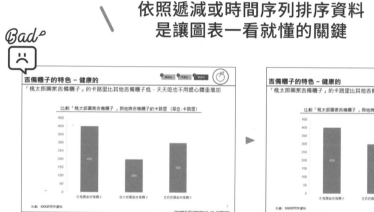

資料的排列方法沒有規則性,很難看懂

改依遞減排序資料

有目的性地改變資料的排列順序

你是否會直接使用預設的圖表? 好不容易製作出來的圖表若隨便排序資料,反而需要花時間才能瞭解製圖者的用意。請依照有意義的順序排列資料,製作出讓人一看就懂的圖表。

資料常用的排列順序包括「遞減排序」與「時間序列排序」。比較項目的圖表較常使用數值由大至小排列的遞減排序。依照時間流動,從過去排列至現在的時間序列排序適合用在比較時間序列的圖表。

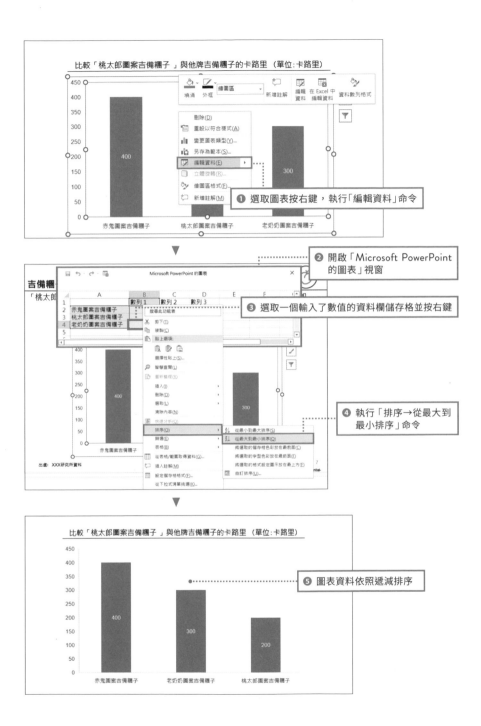

把希望對方注意的資料移動到最前面

純粹比較資料時，可以用「遞減」排序，但是若希望對方注意特定資料時，請將該資料移動到最前面。一般而言，閱讀投影片資料時，觀看者的視線是從左上往右下移動（請參考 P.186）。視線移動與資料位置一致時，可以順利向觀看者傳遞資料，因此製作圖表時，一定要遵守把希望對方注意的資料放在左邊的原則。

如果要製作比較項目的直條圖，請將想介紹的商品或服務放在左邊。例如，比較別家公司與自家公司的商品時，把自家公司的資料放在最前面，就能脫穎而出。注意圖表的排列順序，才能讓對方正確理解你想傳達的訊息。

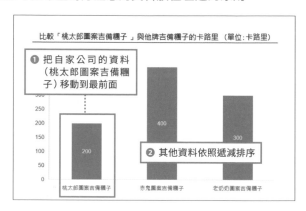

𝒞𝑜𝑙𝑢𝑚𝑛

遞減排序與時間序列排序之外的排序方式？

商用資料大多使用「遞減」與「時間序列排序」。除了這兩種排序方法，還有由小到大排列資料的「遞增排序」，或依照名稱排列資料的「注音符號排序」等各種排序方式。比較縣市等地理資料時，可以由北到南排序，請依照用途評估排序方法。

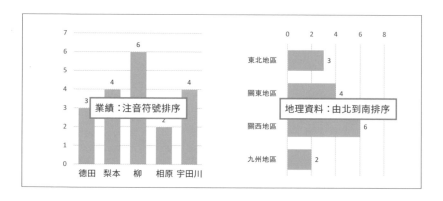

根據基本色
調整圖表顏色

技巧等級 2

☺ ☺ ☺

圖表的預設色彩與資料顏色不搭！
想調整顏色，營造一致感

Bad
☹

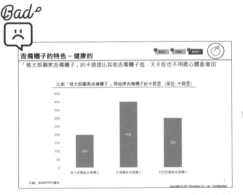

預設的圖表顏色與資料的基本色不同，整份資料
缺乏一致性

Good!
☺

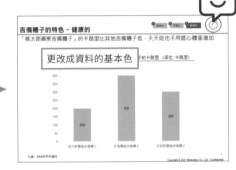

完成整體具有一致性的資料

依照基本色調整圖表的顏色

調整圖表顏色的步驟很容易被遺漏。即使用心製作出公司內部共用的範本，若圖
表的顏色不一致，也會影響設計的一致性，還可能給予觀看者錯誤的印象。請依
照投影片設計的基本色調整圖表的顏色。

> P.026 說明過，在投影片母片設定「新的佈景主題色彩」，製作圖表時，會自動套用「輔色
1」、「輔色 2」、「輔色 3」等設定的顏色。比起逐一修改設計，這種方法較為省時，建議事先完
成設定。

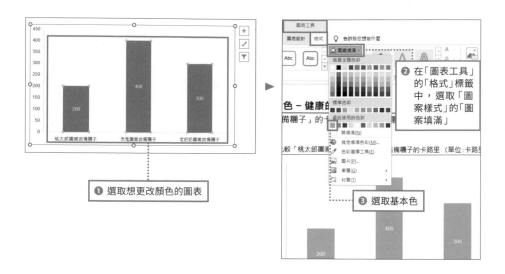

❶ 選取想更改顏色的圖表

❷ 在「圖表工具」的「格式」標籤中，選取「圖案樣式」的「圖案填滿」

❸ 選取基本色

只想更改特定資料時，在圖表元素按兩下

調整對象的範圍會隨著圖表的點擊次數而改變。按一下是選取所有圖表元素，按兩下只會選取該元素。

選取圖表後，四邊會出現淺藍色圓形，請確認確實選取了你想改變顏色的圖表元素再調整顏色。

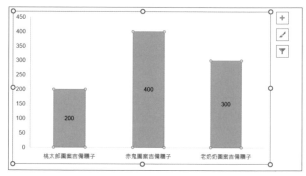

按一下是選取圖表內的所有元素

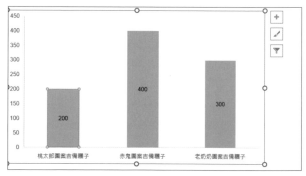

按兩下只會選取一個元素

164

別忘了加上符合訊息的
強調效果

技巧等級 2

☺ ☺ ☺

設定強調效果，
製作出可以傳達訊息的圖表

Bad

Good!

沒有加上強調效果的圖表，不曉得重點是什麼

把想傳遞給觀看者的資料視覺化

圖表可以使用的強調效果包括改變顏色與新增箭頭等兩種

上面的投影片把用圖表顯示的投影片訊息放在內文。可是，如 Bad 圖所示，只插入圖表無法清楚傳達投影片訊息。請根據內容，在圖表新增強調效果，藉此呈現投影片訊息的內容。

請依照用途選擇「改變顏色」與「新增箭頭」等圖表的強調效果。

圖表的強調效果 ① 改變顏色

想在圖表內特別突顯自家公司的數字時，可以使用強調部分內容的方法。改變圖表內該元素的顏色可以吸引觀看者的目光。參考 P.164「只想更改特定資料時」的說明，在想強調的圖表元素套用重點色。

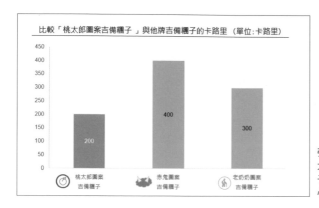

比較「桃太郎圖案吉備糰子」與他牌吉備糰子的卡路里（單位：卡路里）

強調自家公司的資料，傳達「『桃太郎圖案吉備糰子』比他牌吉備糰子的卡路里低，天天吃也不用擔心體重增加」的訊息。

Column

想強調多個元素時？

在圖表加上重點色當作背景，可以強調多個圖表元素。

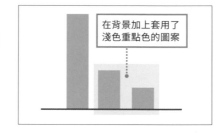

在背景加上套用了淺色重點色的圖案

圖表的強調效果② 新增箭頭

想以時間序列圖表強調數值趨勢時，可以增加箭頭。適合用於營業額增加或減少的情況。

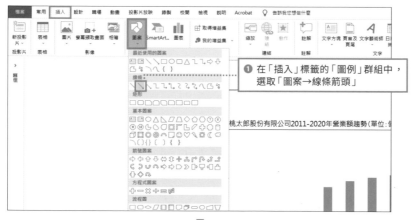

❶ 在「插入」標籤的「圖例」群組中，選取「圖案→線條箭頭」

桃太郎股份有限公司2011-2020年營業額趨勢（單位：

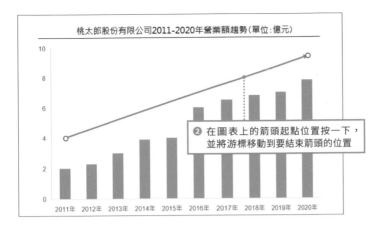

図表上的箭頭起點位置按一下，並將游標移動到要結束箭頭的位置

Column

想在圖表增加補充資料？

增加補充資料，可以完成更容易看懂的圖表。假設在營業額趨勢的圖表中，觀看者看到某一年的業績大幅成長可能會產生疑問。實際上，也許當年因為「新產品發表而受到好評」等原因，使得業績上升，可是不曉得這件事的觀看者，單憑圖表也無法瞭解其中緣由。

為了避免出現這種疑慮，請在圖表內該處插入圖案，加上補充資料。

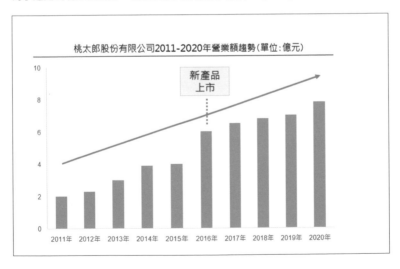

Column

圓形圖的製作原則相同

這裡使用了直條圖說明「資料排列順序」、「配色」、「強調效果」等技巧。這些原則也適用於圓形圖。

資料的排列順序和直條圖一樣，重要的資料請放在觀看者第一眼會看到的上方位置。若要讓資料排序有意義，例如以時間排序時，請以 12 點的位置為起點，順時針排列。

配色和直條圖一樣，使用基本色，只在想強調的元素套用深色的基本色或重點色。

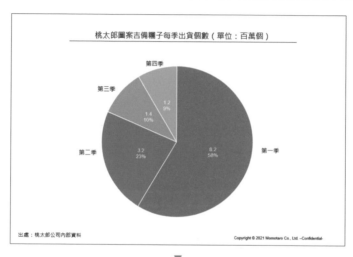

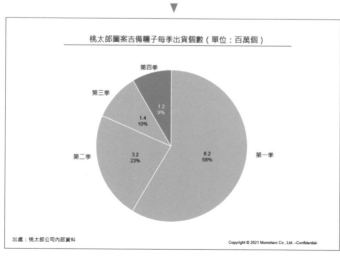

解說

影像是直覺傳達
資料的強大工具

製作文字量大的資料時，
影像是絕對不能缺少的元素，影像可以將訊息直覺傳達給觀看者。
請運用影像，製作出容易瞭解的資料內容。

將資料視覺化

製作資料時，容易一股腦地把所有內容都塞進去，使得文字量過多。使用條列式及表格等功能整理資料雖然重要，但是善用影像，以視覺化方式傳遞內容，也是整理資料不可缺少的手法。

尤其是工作上製作的提案資料，向觀看者傳遞產品形象是很重要的關鍵。有句成語是「百聞不如一見」，插入提案的產品照片或服務的示意圖，可以製作出更容易傳達內容的商用資料。

 請積極運用產品或服務的影像，以視覺方式呈現內容。

三種使用影像的類型

商用資料使用影像有三大類型。

第一種是減少文字量。比起長篇大論，貼上一張適當的影像較容易傳達訊息。

第二種是用影像補充內容。說明單靠文字很難傳達的內容時，加入可以傳遞概念的影像，就能大幅提升觀看者的理解度。

第三種是想讓觀看者對資料內容留下強烈印象。如小說中的插圖，商用資料也會在部分地方插入影像，當作資料的示意圖，讓使用者印象深刻。

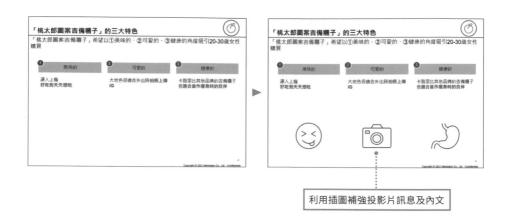

利用插圖補強投影片訊息及內文

照片與插圖的差異

照片不是商用資料唯一可以插入的影像，許多商用資料會使用插圖或剪影圖案。插圖或剪影比照片抽象，資料量較少。觀看者必須具備想像力。相對來說，因為資料量少，不需要放大顯示，需要的空間也較小。請依照你製作的資料分別運用。

	照片	插圖、剪影
特色	具體	抽象
資料量	多	少
空間需求	大	小
用法	當作投影片的主體	當作投影片的內容補充說明

潛 規 則

36

縮放影像
要注意長寬比

技巧等級 1

☺ ☺ ☺

想縮小過大的影像，
影像卻變形了！

Bad

☹

因縮放影像而讓長寬比變形

Good!

☺

保持正確長寬比，適當縮小影像

勾選「鎖定長寬比」再放大、縮小影像

利用「插入」標籤的「圖片」插入影像檔案後，按一下影像邊緣，移動滑鼠調整大小時，無法維持原本的長寬比，影像就會變形。因此縮放影像時，一定要使用「鎖定長寬比」功能。

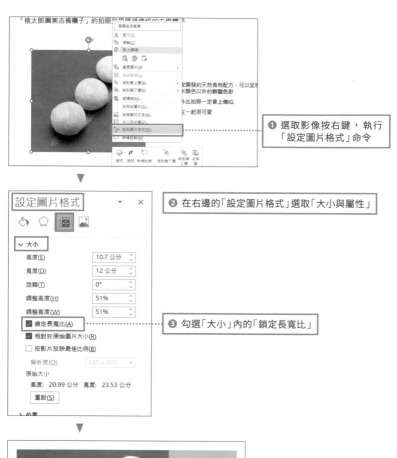

❶ 選取影像按右鍵，執行「設定圖片格式」命令

❷ 在右邊的「設定圖片格式」選取「大小與屬性」

❸ 勾選「大小」內的「鎖定長寬比」

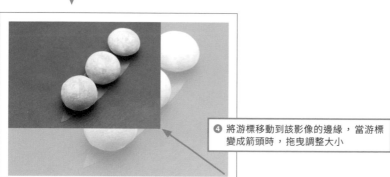

❹ 將游標移動到該影像的邊緣，當游標變成箭頭時，拖曳調整大小

使用［Shift］鍵可以固定長寬比

按住［Shift］鍵不放並調整大小，即使沒有執行上面的設定，也可以在固定長寬比的狀態下縮放影像。

裁剪影像
以符合投影片大小

技巧等級 2

☺ ☺ ☺

置入多個影像時，
統一影像大小與位置是基本原則！

Bad♪ 😞　　　　　　　　　　　　　　　　　　　Bad♪ 😞

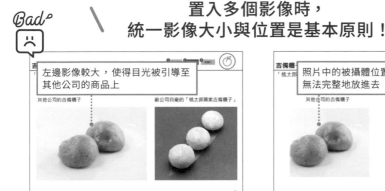

沒有統一影像大小，而被較大的影像吸引。請統一影像大小

雖然統一了影像大小，被攝體的位置不一致而無法固定焦點

別直接使用影像，先統一大小與構圖

使用多張影像時，務必先裁剪，統一影像大小與構圖。影像大小隨著照片而異，被攝體的位置左右不一，可能會妨礙觀看者對資料的理解程度。

裁剪影像

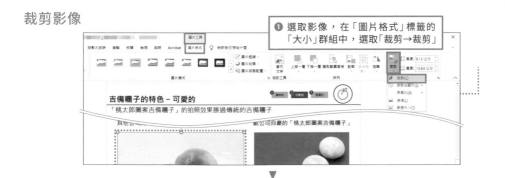

❶ 選取影像，在「圖片格式」標籤的「大小」群組中，選取「裁剪→裁剪」

▼

② 影像四周出現黑色框線

③ 拖曳裁剪部分的框線，調整大小

④ 按一下影像外側，刪除黑色框線
以外的影像

刪除裁剪部分讓檔案變小

使用裁剪功能編修的影像在投影片上看起來已經呈現裁剪後的狀態，其實裁剪下來的資料仍被保留。編修的缺點是檔案會變大，所以編修完畢後，要完全刪除裁剪部分，讓檔案變小。

保留了原始影像，優點是可以反覆裁剪。

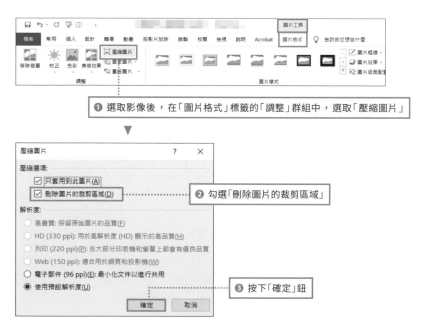

❶ 選取影像後，在「圖片格式」標籤的「調整」群組中，選取「壓縮圖片」

❷ 勾選「刪除圖片的裁剪區域」

❸ 按下「確定」鈕

適當運用
圖片樣式

技巧等級 2
☺ ☺ ☺

＼ 為了追求設計感而特別加工的影像，／
卻被抱怨商品看不清楚

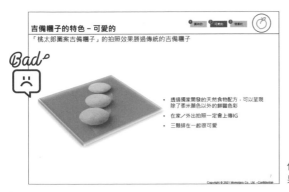

使用圖片樣式，在影像套用各種效
果後，反而無法傳遞正確的訊息

基本上不更改圖片樣式

在選取影像的狀態，於「圖片工具」的「圖片樣式」標籤中，選取「圖片樣式」，可以在影像套用各種效果。部分初學者會想嘗試這些功能，但是在影像套用太多效果，觀看者的目光會放在「效果」上，反而沒有注意到重要的資料。商用資料的原則是「簡單明瞭」。請別因為注重設計性而大量使用「圖片樣式」。

商業領域可以使用的兩種效果

前面提到，一般不會設定圖片樣式，不過有時商業資料也會遇到必須在影像加上效果的情況。例如投影片上的影像不易辨識，觀看者無法解讀製作者的意圖。在以白色為背景的投影片上，插入白底影像，可能會分不清楚投影片與影像的界線。此時，請利用「圖片樣式」，讓影像變得比較容易辨識。

具體而言，商用資料只會使用①圖片的框線與②陰影這兩種效果。兩者都是在影像周圍加上框線或陰影，突顯投影片與影像邊緣的效果。

在影像加上框線

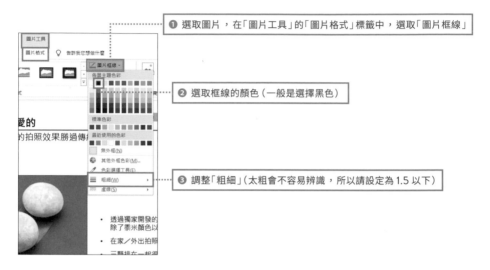

❶ 選取圖片，在「圖片工具」的「圖片格式」標籤中，選取「圖片框線」

❷ 選取框線的顏色（一般是選擇黑色）

❸ 調整「粗細」（太粗會不容易辨識，所以請設定為 1.5 以下）

在影像加上陰影

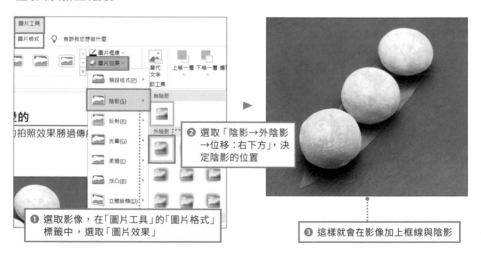

❶ 選取影像，在「圖片工具」的「圖片格式」標籤中，選取「圖片效果」

❷ 選取「陰影→外陰影→位移：右下方」，決定陰影的位置

❸ 這樣就會在影像加上框線與陰影

用圖示讓資料
變得更直覺

技巧等級 2
☺ ☺ ☺

圖示可以提升
條列式或圖解的效果

Bad ☹

Good! ☺

只以條列式、圖解等文字呈現資料

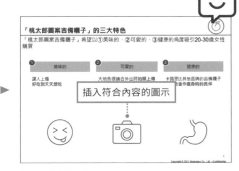

提升了資料的易讀性

使用圖示可以讓資料產生一致性

圖示是可以當作影像插入資料內的重要元素。圖示是一種以單色的簡單圖案呈現各種概念或狀況的插圖，在製作淺顯易懂的資料時，非常有用。

請見右圖。左右都是頒獎台插圖。左邊清楚顯示了「參加運動比賽的男性」，而右邊不僅無法得知性別，就連參加何種比賽都不清楚。

圖示比插圖更抽象，因此有以下優點。

1. 讓影像產生一致性
2. 不會干擾設計
3. 可以用於正式資料

在整份投影片插入多個插圖時，必須統一插圖的風格，但是圖示沒有這個問題。此外，有些插圖因筆觸關係而顯得較為休閒，可能不適合用在商用資料，圖示則可放心用在正式的資料上。

 把圖示的顏色改成主色或重點色也不會影響資料的設計性 (P.183)。

搜尋圖示素材的方法

過去都是透過網路尋找圖示素材，最近在 PowerPoint 也可以搜尋圖示素材。在「插入」標籤的「圖例」群組中，選取「圖示」，開啟搜尋圖示的畫面。

Column

提供圖示素材的網站

部分網站會免費提供圖示素材。製作資料時，這些網站可以發揮效果，請先加入書籤（使用這些網站的圖示時，請務必確認使用規範）。

・ICOOON MONO
  https://icooon-mono.com/
  能以指定顏色下載6,000種以上的圖示。

・SILHOUETTE ILLUST
  https://www.silhouette-illust.com/
  收集了10,000種圖示。

・human pictogram 2.0
  http://pictogram2.com/
  這是專門提供人物動作的圖示網站。

Column

圖示因日本推廣而普及？

2020年東京奧運在開幕儀式上使用了圖示，因而掀起熱議，這件事讓人記憶猶新。但是全球開始廣泛運用圖示的契機與日本極為有關。日本在1964年舉辦東京奧運，對日本而言，該如何與外國人溝通可說是一大難題。當時不透過語言，仍能與別人溝通的工具就是圖示。自此之後，圖示成為全球奧運必用的元素。

「設定透明色彩」
讓影像的背景變透明

技 巧 等 級 3
☺ ☺ ☺

PowerPoint 的標準功能
可以讓影像的背景色變透明

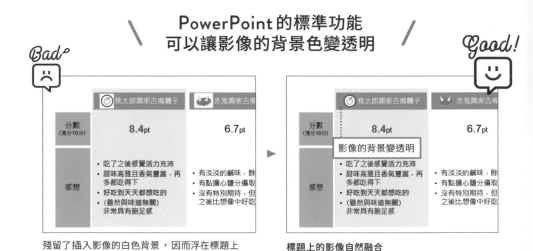

殘留了插入影像的白色背景，因而浮在標題上

標題上的影像自然融合

設定透明色彩，刪除背景色

我們常見到沒有刪除資料中的影像背景，因而浮在其他元素上的現象。

資料的背景色為白色，影像的背景也是白色時，把影像「移至最底層」還可以矇混過關，但是若想在含有色彩的標題上使用影像，就會露出破綻。請利用「設定透明色彩」，呈現出自然的影像效果。

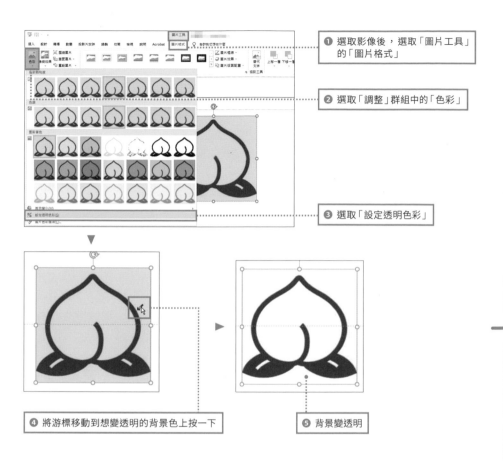

❶ 選取影像後，選取「圖片工具」
的「圖片格式」

❷ 選取「調整」群組中的「色彩」

❸ 選取「設定透明色彩」

❹ 將游標移動到想變透明的背景色上按一下

❺ 背景變透明

「移除背景」可以刪除照片的背景

設定透明色彩的基本條件是背景為單色，所以背景非單色的插圖或照片就無法順
利變透明。此時，請利用「移除背景」功能。

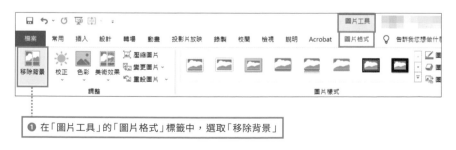

❶ 在「圖片工具」的「圖片格式」標籤中，選取「移除背景」

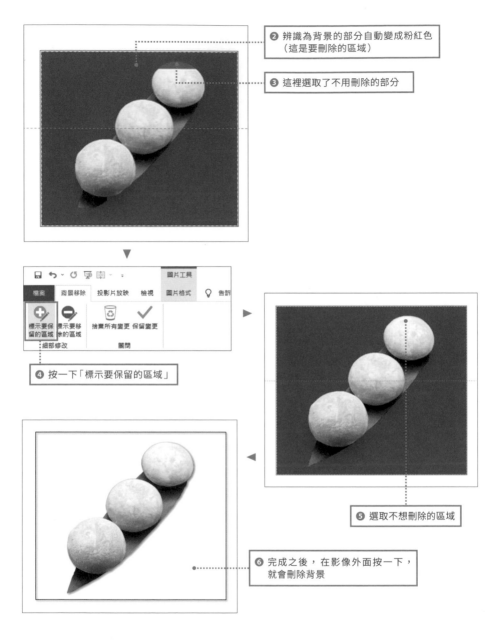

② 辨識為背景的部分自動變成粉紅色
（這是要刪除的區域）

③ 這裡選取了不用刪除的部分

④ 按一下「標示要保留的區域」

⑤ 選取不想刪除的區域

⑥ 完成之後，在影像外面按一下，
就會刪除背景

請穿插使用「標示要保留的區域」、「標示要移除的區域」功能，並利用筆型工具的使用技巧
按一下或填滿。將 PowerPoint 的顯示比例放大至「400%」比較方便微調。

把圖示的顏色
改成基本色

技巧等級 2

☺ ☺ ☺

精心挑選了圖示，
卻因為顏色不對而顯得不協調⋯

Bad° 😞

Good! 😊

插入的圖示顏色與資料不合而變得突兀

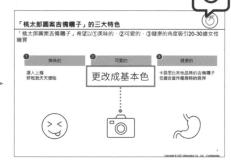

圖示融合成資料的一部分，產生了一體感

調整圖示的顏色再使用

對商用資料而言，圖示的功用很重要，可以讓內容易於瞭解，將訊息輕易傳達給觀看者，但是若沒有與資料的顏色統一，可能無法達到預期效果。使用時，請一定要調整顏色。

調整影像的顏色

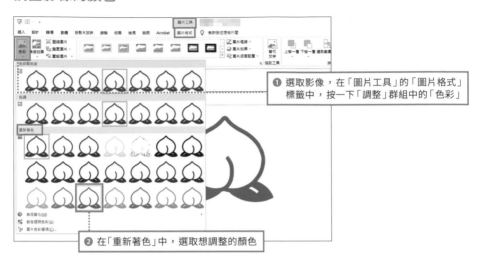

❶ 選取影像，在「圖片工具」的「圖片格式」標籤中，按一下「調整」群組中的「色彩」

❷ 在「重新著色」中，選取想調整的顏色

調整照片的飽和度與色調

「調整」中的「色彩」除了「重新著色」之外，還包括「色彩飽和度」與「色調」等項目，這兩個功能主要是調整照片的色彩。使用專業攝影師拍攝的照片時，幾乎不需要用到這些功能。但是使用自己拍攝的照片時，可以用這裡的功能調整影像色彩。

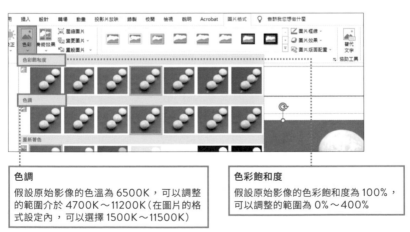

色調
假設原始影像的色溫為 6500K，可以調整的範圍介於 4700K～11200K（在圖片的格式設定內，可以選擇 1500K～11500K）

色彩飽和度
假設原始影像的色彩飽和度為 100%，可以調整的範圍為 0%～400%

第 **5** 章

最後要仔細檢查，不可鬆懈！

交出資料前一定要檢查！製作資料的潛規則

完成資料後，總算可以鬆一口氣，其實言之過早！？

資料動線是否流暢？

內容有沒有錯誤？

交出資料之前一定要仔細確認清楚。

每張投影片
都有各自的動線

大部分的商用資料都是橫式排版。
注意投影片內的元素動線，才能製作出容易閱讀的資料。

排版要注意視線的動線

瀏覽橫式資料時，視線是由左往右，由上往下移動。如果製作的資料沒有顧慮到視線的動線，觀看者的目光會在投影片內來來回回，很難正確傳達訊息。因此製作資料時，一定要注意視覺動線再妥善安排各個元素。

 資料的元素要由左往右，由上往下排列。

橫長型投影片的兩種視線移動類型

大部分使用 PowerPoint 製作的資料都是屬於橫長型投影片。瀏覽橫長型投影片時，有兩種移動視線的類型。徹底瞭解觀看者的視線移動類型，把重要的元素安排在適當的位置，才能製作出一看就懂的資料。

視線移動：Z字法則

Z字法則是指觀看者的視線由左上往右上，從左下往右下移動視線的類型。一張投影片中有很多元素，如影像、圖案等，必須檢視整體資料時，常會以這種方式移動視線。放在 Z 字動線四邊的元素較容易讓人留下印象，所以最重要的元素請放在左上方的視線起點，其他元素也請依照 Z 字動線排版。

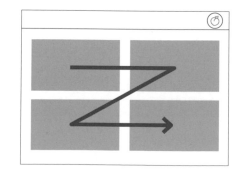

視線移動：古騰堡法則

古騰堡法則是指視線由左上往右下移動的視線移動類型。與對角線閱讀時的視線移動類型一樣，投影片上的元素平均分布時，通常會採取這種視線移動方式。右上與左下的元素會被跳過，重要的元素請放在左上、中央、右下。

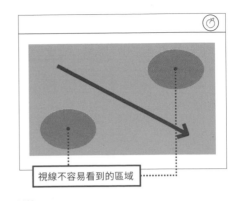

視線不容易看到的區域

與視線移動順序不一致時要加入箭頭引導

製作資料時，可能遇到排版無法配合視線移動的情況。此時，請加上輔助圖案，如箭頭或三角形等，告訴觀看者閱讀順序或動線。為了引導觀看者的視線而添加的輔助圖案與想傳遞的元素不同，請設定成不屬於投影片佈景主題色彩的顏色（灰色等）。

沒有箭頭

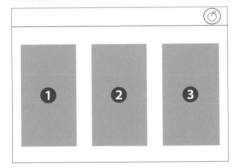

按照視線移動順序，由左往右依序閱讀

加上箭頭

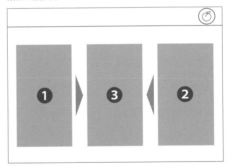

使用箭頭或三角形引導視線，按照左→右→中央依序閱讀

解說

運用投影片分割
製作出比例適當的資料

製作資料時,可能會遇到必須分割一張投影片,配置多個元素的情況。
請注意投影片內的版面,仔細排版。

分割投影片讓資料變得容易閱讀

製作資料時,請注意整體流程與投影片份量的比例。說明商品的三大優點時,第一
點與第二點分別用一張投影片說明,第三點卻使用了兩張投影片,這樣比例就會失
衡。可是,我們很常碰到部分內容的元素份量多,無法分配在相同張數內的情況。
此時,請分割一張投影片,配置多個元素。這樣可以放入大量內容,並調整流程與
比例,製作出不會打亂觀看者節奏,容易閱讀的資料。

 說明多個元素時,分割投影片是很方便的作法。

𝒞𝑜𝑙𝑢𝑚𝑛

排版的規則是整份資料要一致

必須依照相同規則製作所有資料的版面。使用統一的規則,觀看者在閱讀內容的過
程中,自然可以瞭解並掌握資料的重點。

決定分割類型

基本上,有以下三種分割版面的方法。開始製作資料之前,最好先決定分割用的版
面類型。

二分割

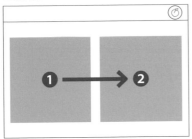

三分割

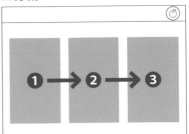

四分割

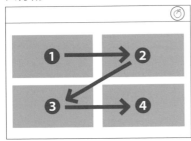

可以用分割組合說明

分割投影片後，不僅可以輸入投影片的關鍵訊息，還能把每個部分視為一張投影片來輸入主題訊息。組合各個部分的訊息能說明複雜的內容，在傳遞較難的內容時，可以善加運用。

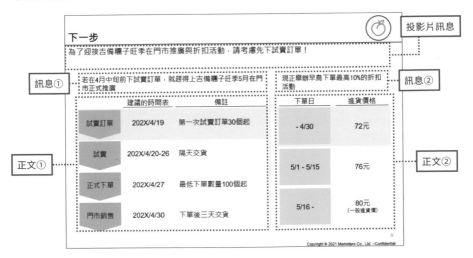

189

解說

利用交出資料前的最後檢查
確保萬無一失

資料並非製作完成就告一段落。
交出資料之前,一定要仔細檢查內容,確認是否沒問題,才可以交給對方。

交出資料前 30 分鐘進行最後檢查

資料接近完工之際,常會執著於枝微末節,不斷修改內容直到最後一刻。可是,應該有人有過就算堅持到最後,交出資料之後,卻發現錯誤或不統一的問題,不得不重新傳送修正版的經驗吧? 請先在製作資料的計畫中,保留至少 30 分鐘的最後檢查時間,減少錯誤。此外,資料製作者很難發現小錯誤,請找幾個人檢查資料,如專案成員或主管等。

請深呼吸再執行最後檢查!

重新傳送修正版本

傳送修正版本不僅會浪費對方的時間,給對方不好的印象,還可能誤解資料,風險非常大。除了更新資料等不得已的情況,交出資料前請先仔細檢查,避免發生必須傳送修正版的情況。

七大檢查重點

檢查資料之前,沒有先確定檢查項目,很容易變成走馬看花。進入最後檢查之前,請先寫出檢查項目。每位製作者容易犯的錯誤不同,請回想自己過去常犯什麼錯,確認屬於你的檢查重點。

以下將介紹一定要檢查的七大重點。

交出資料前的七大檢查重點

- ☑ 客戶名稱是否正確
- ☑ 日期是否正確
- ☑ 有沒有缺少投影片標題或訊息投影片
- ☑ 是否漏掉投影片編號
- ☑ 是否統一文字的字型
- ☑ 是否留下公司內部的註解
- ☑ 報價金額是否與提案內容不一致

運用「拼字及文法檢查」功能

PowerPoint 的內容若出現錯漏字或表記錯誤時，該文字下方會出現紅或藍色底線，製作資料時，請特別注意。即便如此，仍難免會出現小錯誤。交出資料之前，請執行七大檢查與拼字檢查。使用 PowerPoint 的功能可以進行更詳細的拼字檢查。

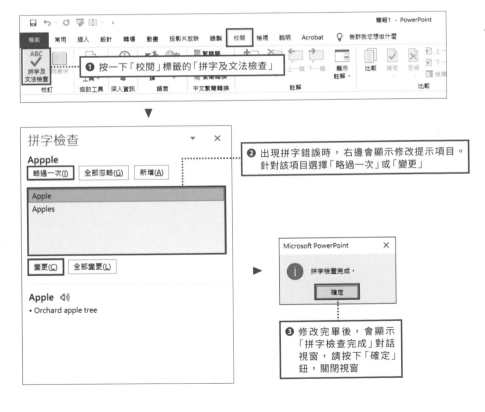

解說

使用灰階列印
而不是黑白列印

最後完成的資料不僅會使用投影機投影，也常列印出來交給對方。
請先瞭解適合各種用途的列印方法。

別使用「純粹黑白」

除了要交給客戶的資料之外，一般商用資料會使用黑白列印。在列印設定內設定顏色時，可以選擇「彩色」、「灰階」、「純粹黑白」。若想列印成黑白資料，選擇「純粹黑白」可能讓已經填色的圖案變成透明，或在圖案上出現額外的邊線。因此請設定成可以依照顏色深淺呈現的「灰階」，而不是「純粹黑白」。

注意列印設定

頁數較多的資料若一張投影片列印為一頁，會讓紙量增加，除非公司內部有特別規定，否則請將兩張投影片列印成一頁。

此時，常容易設定成「講義」→「2 張投影片」。但是這種設定會讓資料產生大量留白，並縮小投影片的文字。若要將兩張投影片列印成一頁，一定要利用印表機的屬性設定排版列印功能。

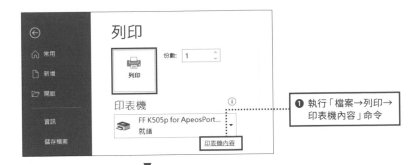

❶ 執行「檔案→列印→
印表機內容」命令

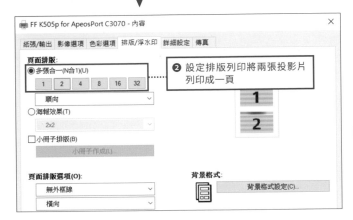

❷ 設定排版列印將兩張投影片
列印成一頁

每台印表機的內容
畫面可能不一樣，請
確認你的印表機設定
方法。

使用「講義」設定會讓文字縮小

Bad

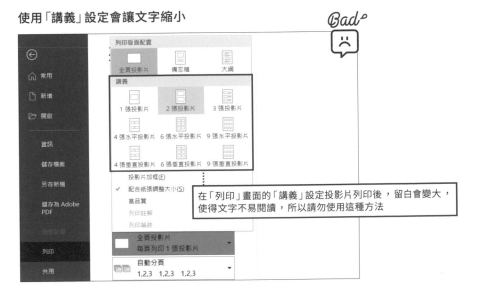

在「列印」畫面的「講義」設定投影片列印後，留白會變大，
使得文字不易閱讀，所以請勿使用這種方法

潛 規 則

42

重要資料要
設定密碼

技巧等級 1

☺ ☺ ☺

設定密碼防止資料外洩

資料包含了各種內容，尤其提供給外部的資料，大部分都是不可轉傳給第三者的內容。除了可能發生資安問題的個人資料，報價單內的折扣，或附帶服務提供的資料等，也是不能外洩的機密。因此傳送資料時，一定要設定密碼，防止重要資料洩漏。

🖋 密碼必須設定對方無法推測的複雜字串，這點很重要。

🖋 善用產生密碼的工具

如果要設定別人無法推測的密碼，運用密碼產生工具是一種不錯的方法。在網路上搜尋「密碼產生器」等關鍵字，就能找到相關服務。

Column

只要設定密碼就可以？

隨著科技進步，破解密碼需要的時間愈來愈短。例如 4 個英文字母的密碼只要幾秒就可以破解，設定這種密碼毫無意義。製作含有重要訊息的資料時，請設定包含符號及數字的長字串。設定密碼最重要的是，別忘了自己設定的密碼。不要連自己都無法開啟檔案。

設定密碼

① 選取「檔案」

▼

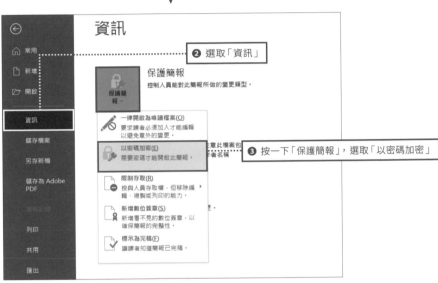

② 選取「資訊」

③ 按一下「保護簡報」，選取「以密碼加密」

▼

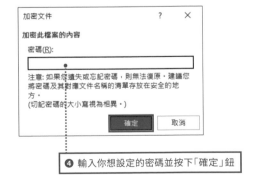

④ 輸入你想設定的密碼並按下「確定」鈕

潛 規 則

43

壓縮檔案
並附加在電子郵件內

技巧等級 1

☺ ☺ ☺

請利用「壓縮影像」縮小檔案

本書建議使用照片及圖示，以製作出淺顯易懂的資料。可是一旦資料內的影像變多，檔案也會變大。

部分公司對於收送的電子郵件大小有限制，電子郵件附加較大檔案時，可能無法順利傳送。

以附加檔案傳送資料時，檔案大小一般會控制在 2～3MB。倘若使用大量影像而造成檔案過大時，請利用「影像壓縮」功能，縮小檔案再傳送。此外，「影像壓縮」不僅會降低畫質，也會刪除裁剪部分，在編輯過程中，必須特別注意。

壓縮檔案

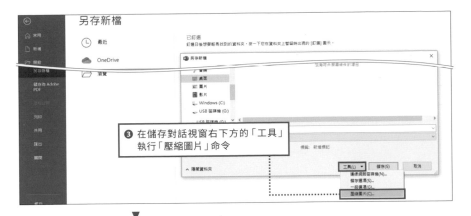

❸ 在儲存對話視窗右下方的「工具」執行「壓縮圖片」命令

▼

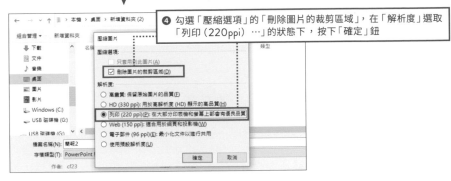

❹ 勾選「壓縮選項」的「刪除圖片的裁剪區域」，在「解析度」選取「列印（220ppi）…」的狀態下，按下「確定」鈕

請根據用途選擇解析度。假如資料不需要列印出來，最好選擇「Web（150ppi）」或「電子郵件（96ppi）」。

Column

注意傳送資料的方法

多數人應該是直接把檔案附加在電子郵件內，當作傳送資料給對方的方法吧！可是近來因資料外洩，以及防範中毒等觀點，愈來愈多公司導入自動刪除電子郵件附加含密碼檔案的設定。

把資料儲存在雲端硬碟當作替代方案，以電子郵件傳送下載連結的公司也不少，因此傳送資料之前，請先與對方確認傳送資料的方法。

解說

桃太郎吉備糰子介紹

以下將介紹根據本書的說明，
製作投影片時使用的主要技巧。

投影片資料的首頁

第一頁　標題

Good!
☺

桃太郎圖案吉備糰子介紹

202X年4月1日
桃太郎股份有限公司

潛規則 03（P.020）
別忘了加入投影片編號

1

投影片的首頁一定要加入「標題」、「摘要」、「目錄」（P.063）。「摘要」應利用條列式扼要整理
掌握製作資料的背景與概要內容。

第二頁　摘要

摘要

潛規則 20（P.119）
使用色彩選擇工具設定和企業品牌色一樣的顏色

潛規則 12（P.078）
以項目符號建立條列式的「‧」

- 說明之前電話中提到「桃太郎圖案吉備糰子」試吃活動及詳細內容
- 「桃太郎圖案吉備糰子」從美味、可愛、健康的角度為出發，希望吸引20-30歲女性購買，他們是便利商店甜點的主要客群
- 與其他競爭對手的產品相比，「桃太郎圖案吉備糰子」的毛利較好，可以提高門市的獲利。
- 請評估是否下單試賣，在門市試售該產品

潛規則 10（P.071）
以文字強調效果突顯重要部分
潛規則 11（P.073）
最後統一複製文字強調效果的格式

2

第三頁　目錄

目錄

第 1 章解說（P.032）
透過投影片母片統一設定 LOGO

3

主頁

第四頁　商品概要

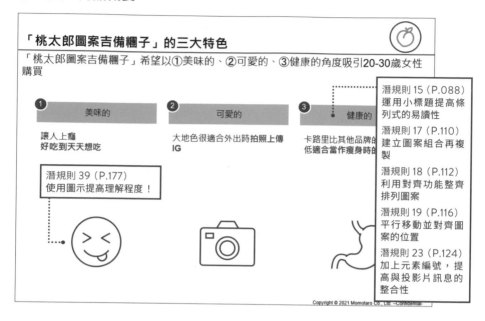

「桃太郎圖案吉備糰子」的三大特色

「桃太郎圖案吉備糰子」希望以①美味的、②可愛的、③健康的角度吸引20-30歲女性購買

① 美味的
讓人上癮
好吃到天天想吃

潛規則 39（P.177）
使用圖示提高理解程度！

② 可愛的
大地色很適合外出時拍照上傳
IG

③ 健康的
卡路里比其他品牌的
低適合當作瘦身時的

潛規則 15（P.088）
運用小標題提高條列式的易讀性

潛規則 17（P.110）
建立圖案組合再複製

潛規則 18（P.112）
利用對齊功能整齊排列圖案

潛規則 19（P.116）
平行移動並對齊圖案的位置

潛規則 23（P.124）
加上元素編號，提高與投影片訊息的整合性

第五頁　特色①

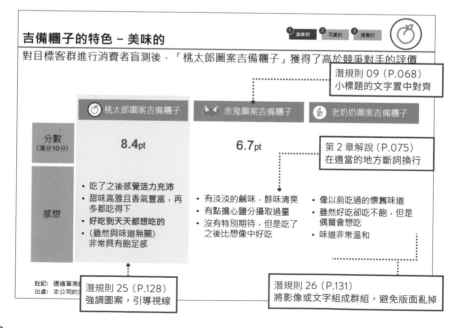

吉備糰子的特色 – 美味的

① 美味的　**②** 可愛的　**③** 健康的

對目標客群進行消費者盲測後，「桃太郎圖案吉備糰子」獲得了高於競爭對手的評價

潛規則 09（P.068）
小標題的文字置中對齊

	桃太郎圖案吉備糰子	赤鬼圖案吉備糰子	老奶奶圖案吉備糰子
分數（滿分10分）	8.4pt	6.7pt	
感想	・吃了之後感覺活力充沛 ・甜味高雅且香氣豐富，再多都吃得下 ・好吃到天天都想吃的 ・（雖然與味道無關）非常具有飽足感	・有淡淡的鹹味，餘味清爽 ・有點擔心鹽分攝取過量 ・沒有特別期待，但是吃了之後比想像中好吃	・像以前吃過的懷舊味道 ・雖然好吃卻吃不飽，但是偶爾會想吃 ・味道非常溫和

第 2 章解說（P.075）
在適當的地方斷詞換行

註記：透過盲測
出處：本公司的

潛規則 25（P.128）
強調圖案，引導視線

潛規則 26（P.131）
將影像或文字組成群組，避免版面亂掉

第六頁　特色②

吉備糰子的特色－可愛的

「桃太郎圖案吉備糰子」的拍照效果勝過傳統的吉備糰子

- 透過獨家開發的天然食物配方，可除了黍米顏色以外的鮮豔色彩
- 在家／外出拍照一定會上傳IG
- 三顆排在一起很可愛

潛規則 36（P.171）
以「鎖定長寬比」縮放影像

潛規則 37（P.173）
根據資料大小裁剪影像

潛規則 38（P.175）
商用資料比較重視易讀性而非外觀，別使用過多「圖片樣式」

6

Copyright © 2021 Momotaro Co., Ltd. –Confidential-

第七頁　特色③

吉備糰子的特色－健康的

「桃太郎圖案吉備糰子」的卡路里比其他吉備糰子低，天天吃也不用擔心體重增加

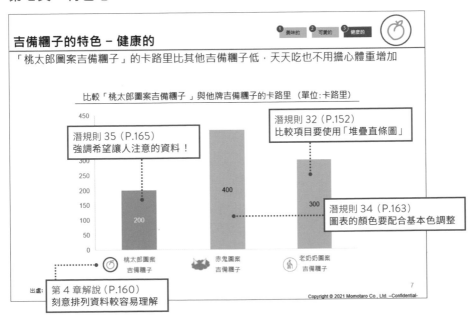

比較「桃太郎圖案吉備糰子」與他牌吉備糰子的卡路里（單位：卡路里）

潛規則 35（P.165）
強調希望讓人注意的資料！

潛規則 32（P.152）
比較項目要使用「堆疊直條圖」

潛規則 34（P.163）
圖表的顏色要配合基本色調整

出處 第 4 章解說（P.160）
刻意排列資料較容易理解

450
300
250
200
150
100
50

200　　400　　300

桃太郎圖案吉備糰子　　赤鬼圖案吉備糰子　　老奶奶圖案吉備糰子

7

Copyright © 2021 Momotaro Co., Ltd. –Confidential-

第 **5** 章　交出資料前一定要檢查！製作資料的潛規則

201

第八頁　其他（價格比較）

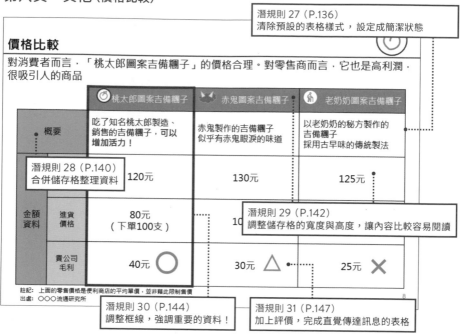

潛規則 27（P.136）
清除預設的表格樣式，設定成簡潔狀態

價格比較

對消費者而言，「桃太郎圖案吉備糰子」的價格合理。對零售商而言，它也是高利潤、很吸引人的商品

		桃太郎圖案吉備糰子	赤鬼圖案吉備糰子	老奶奶圖案吉備糰子
概要		吃了知名桃太郎製造、銷售的吉備糰子，可以增加活力！	赤鬼製作的吉備糰子似乎有赤鬼眼淚的味道	以老奶奶的秘方製作的吉備糰子 採用古早味的傳統製法
金額資料		120元	130元	125元
	進貨價格	80元（下單100支）	10	
	貴公司毛利	40元 ○	30元 △	25元 ✕

潛規則 28（P.140）
合併儲存格整理資料

潛規則 29（P.142）
調整儲存格的寬度與高度，讓內容比較容易閱讀

註記：上面的零售價格是便利商店的平均單價，並非藉此限制售價
出處：○○○流通研究所

潛規則 30（P.144）
調整框線，強調重要的資料！

潛規則 31（P.147）
加上評價，完成直覺傳達訊息的表格

第九頁　下一步

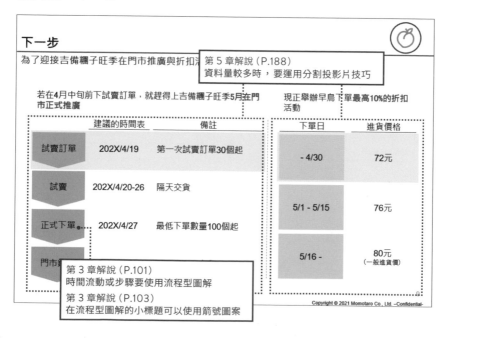

下一步

為了迎接吉備糰子旺季在門市推廣與折扣活

第 5 章解說（P.188）
資料量較多時，要運用分割投影片技巧

若在4月中旬前下試賣訂單，就趕得上吉備糰子旺季5月在門市正式推廣

現正舉辦早鳥下單最高10%的折扣活動

	建議的時間表	備註
試賣訂單	202X/4/19	第一次試賣訂單30個起
試賣	202X/4/20-26	隔天交貨
正式下單	202X/4/27	最低下單數量100個起
門市鋪		

下單日	進貨價格
- 4/30	72元
5/1 - 5/15	76元
5/16 -	80元（一般進貨價）

第 3 章解說（P.101）
時間流動或步驟要使用流程型圖解

第 3 章解說（P.103）
在流程型圖解的小標題可以使用箭號圖案

最後一頁

第十頁　結論

結論

- 今天從美味、可愛、健康的觀點，介紹可以吸引便利商店甜點主要消費客群 20-30歲女性購買的「桃太郎圖案吉備糰子」
- 就毛利的觀點而言，這是可以提高門市利潤的商品
- 建議先購買30個試賣，以評估是否正式引進
- 如果貴公司在本週下了試賣訂單，將可以享受和試賣訂單一樣的進貨價格折扣，**請考慮是否盡快下試賣訂單**

10

 在投影片的末尾一定要加上「結論」，整理所有資料及期待對方採取的行動。

下載投影片並加以運用

透過以下網址可以下載本書解說使用的投影片。請確認如何製作資料及設定投影片母片。

http://books.gotop.com.tw/download/ACI036000

INDEX

參考文獻

《PowerPoint資料作成 プロフェッショナルの大原則》松上 純一郎（技術評論社）

《ドリルで学ぶ！ 人を動かす資料のつくりかた》松上 純一郎（日本經濟新聞出版）

AUTHOR

中川 拓也 なかがわ たくや

慶應義塾大學環境資訊學院畢業。

曾任職於旅行社，從事招攬遊客訪日，改善接待環境、開發文化交流計畫、管理國際會議及全球會議等工作。之後在旅遊智庫負責行銷策略、業務策略、CRM 推廣等支援業務。他特別針對電競旅遊舉辦演講並撰寫文章，目的是為了協助考慮參與電競旅遊的公司或地方政府，藉此推廣相關文化，消除社會上的偏見。現在他正推動旅遊界的數位化轉型。

加入 Rubato 是因為想製作出令人驚豔，具有藝術性的美麗資料。

大塚 雄之 おおつか たけし

美國亞利桑那州雷鳥國際管理學院結業。

在 3M Japan 從事會計、現金管理、組織結構重整、新業務開發、新產品開發、產品行銷等工作。之後在 3M Japan、Mars Japan Limited 從事營運計畫、營運管理（FP&A）等業務，主要負責 B2B 與消費產品業務的預算編列、實績管理及專案投資決策。

現在從財務的觀點，協助美國醫療製造商制定願景及執行策略。

希望透過製作資料，提高日本在世界上的地位，協助各行各業在自己的舞台上發光發熱，因而加入 Rubato。

丸尾 武司 まるお たけし

關西學院大學綜合政策學院畢業，神戶大學研究所國際協力研究系結業。

在半導體設備製造商擔任業務，之後負責支援行銷部門的新品企劃開發及提案活動。秉持學習是「以自我意志開創人生」的信念，現在於人力資源部門負責培訓企劃營運及內部講師等人才。有感於在 Rubato 學到的資料製作技巧對提案工作很有幫助，想推廣給更多人，因而參與 Rubato 的活動。負責調整講師與學生的資料，培訓工作人員等工作。

渡邊 浩良 わたなべ ひろよし

獨協大學法學院、筑波大學研究所人類綜合科學研究系世界遺產專攻結業。
在專門從事旅遊的智囊團、旅遊行銷研究所，從事規劃公共組織或國際協力機構等旅遊行銷策略的工作。先後借調至大型旅行社的研究所、國外線上旅行社的 UX 研究團隊，目前正借調至大型旅行社總公司。
他也是東京國際大學兼任講師及山梨大學兼任講師。根據過去企劃案投標輸給外資顧問公司的經驗，研究如何製作資料。他秉持的信念是，即便是不擅長製作資料的人，只要肯努力也能做到而加入 Rubato。

【監修】松上 純一郎 まつがみ じゅんいちろう

同志社大學文學院、神戶大學研究所、英國東安格里亞大學學士課程結業。
在美國策略顧問公司 Monitor Group（現為 Monitor Deloitte），從事製藥公司行銷、業務策略、海外業務拓展策略的工作。之後在 NGO Alliance Forum Foundation 負責協助企業進入新興市場。現在是 Rubato 股份有限公司的總經理。根據自身的顧問經驗，推廣讓人一看就懂的提案技術，提供個人或企業培訓機會。著作有《PowerPoint 資料作成 プロフェッショナルの大原則》（技術評論社）等。

Rubato 股份有限公司

以「實現美好生活」為座右銘，提供個人及公司製作資料與邏輯思考等商業核心技能的培訓機會。為想提升製作資料技能的人成立了「Rubato Academia」學校，其中舉辦的「製作策略性簡報資料二日集中課程」從 2010 年開始，超過 1,500 名學生報名參加，實現了穩健提升商務人士技能的目標。

https://academia.rubato.co/

看穿 PowerPoint 潛規則，您也能做出超專業簡報

作　　　者：中川拓也 / 大塚 雄之 / 丸尾 武司 / 渡邊 浩良
監　　　修：松上純一郎
書籍設計：岩本 美奈子
封面插圖：docco
負責人員：古田 由香里
譯　　　者：吳嘉芳
企劃編輯：江佳慧
文字編輯：王雅雯
設計裝幀：張寶莉
發 行 人：廖文良

發 行 所：碁峰資訊股份有限公司
地　　　址：台北市南港區三重路 66 號 7 樓之 6
電　　　話：(02)2788-2408
傳　　　真：(02)8192-4433
網　　　站：www.gotop.com.tw
書　　　號：ACI036000
版　　　次：2023 年 03 月初版
建議售價：NT$420

國家圖書館出版品預行編目資料

看穿 PowerPoint 潛規則，您也能做出超專業簡報 / 中川拓也,
　　大塚雄之, 丸尾武司, 渡邊浩良原著；吳嘉芳譯.-- 初版.-- 臺
　　北市：碁峰資訊, 2023.03
　　　面；　　公分
　　　ISBN 978-626-324-463-4(平裝)
　　1.CST：PowerPoint(電腦程式)
312.49P65　　　　　　　　　　　　　　　　112003505

讀者服務

● 感謝您購買碁峰圖書，如果
您對本書的內容或表達上
有不清楚的地方或其他建
議，請至碁峰網站：「聯絡我
們」\「圖書問題」留下您所
購買之書籍及問題。(請註
明購買書籍之書號及書名，
以及問題頁數，以便能儘快
為您處理)
http://www.gotop.com.tw

● 售後服務僅限書籍本身內
容，若是軟、硬體問題，請
您直接與軟、硬體廠商聯
絡。

● 若於購買書籍後發現有破
損、缺頁、裝訂錯誤之問題，
請直接將書寄回更換，並註
明您的姓名、連絡電話及地
址，將有專人與您連絡補寄
商品。